食べものとエネルギーの自産自消

3.11後の持続可能な生き方

早稲谷大学主宰
長谷川 浩

有機農業選書 4

コモンズ

CONTENTS

CONTENTS

CONTENTS

CONTENTS

プロローグ　自産自消と地域自給

地方からの収奪

本書の原稿の骨子を書き上げたところで、東京電力福島第一原子力発電所の大事故が起きた。筆者は事故当時、原発から約70㎞離れた福島市に暮らしており、原発事故のまっただ中に巻き込まれることになる。

１００％安全といわれた原子力発電所が深刻な放射能漏れ事故を起こした結果、原発周辺の町村と原発から西北方向の市町村が、チェルノブイリ原発事故の強制避難区域に匹敵するセシウム１３７（１㎡あたり60万ベクレル以上）で汚染された。すなわち、大熊町、双葉町、浪江町、葛尾《かつらお》村、南相馬市西部、飯舘《いいたて》村、川俣町山木屋地区だ。

原発から20㎞圏内の住民は、汚染レベルにかかわりなく強制避難となり、国の許可がなければ住み慣れたわが家に戻ることもできない。20㎞圏外であっても、汚染が深刻な飯舘村、浪江町の一部、葛尾村、川俣町山木屋地区では、計画的な強制避難が始まった（図１）。その後、放射線の高いホットスポットに対して個別に避難を決定する特定避難勧奨地点が加えられる。

こうして被災者という名の難民が発生し、その数は16万人近くに達した。最大の被害者は農

図1　放射能漏れ事故に伴う周辺区域の区分（2012年4月1日まで）

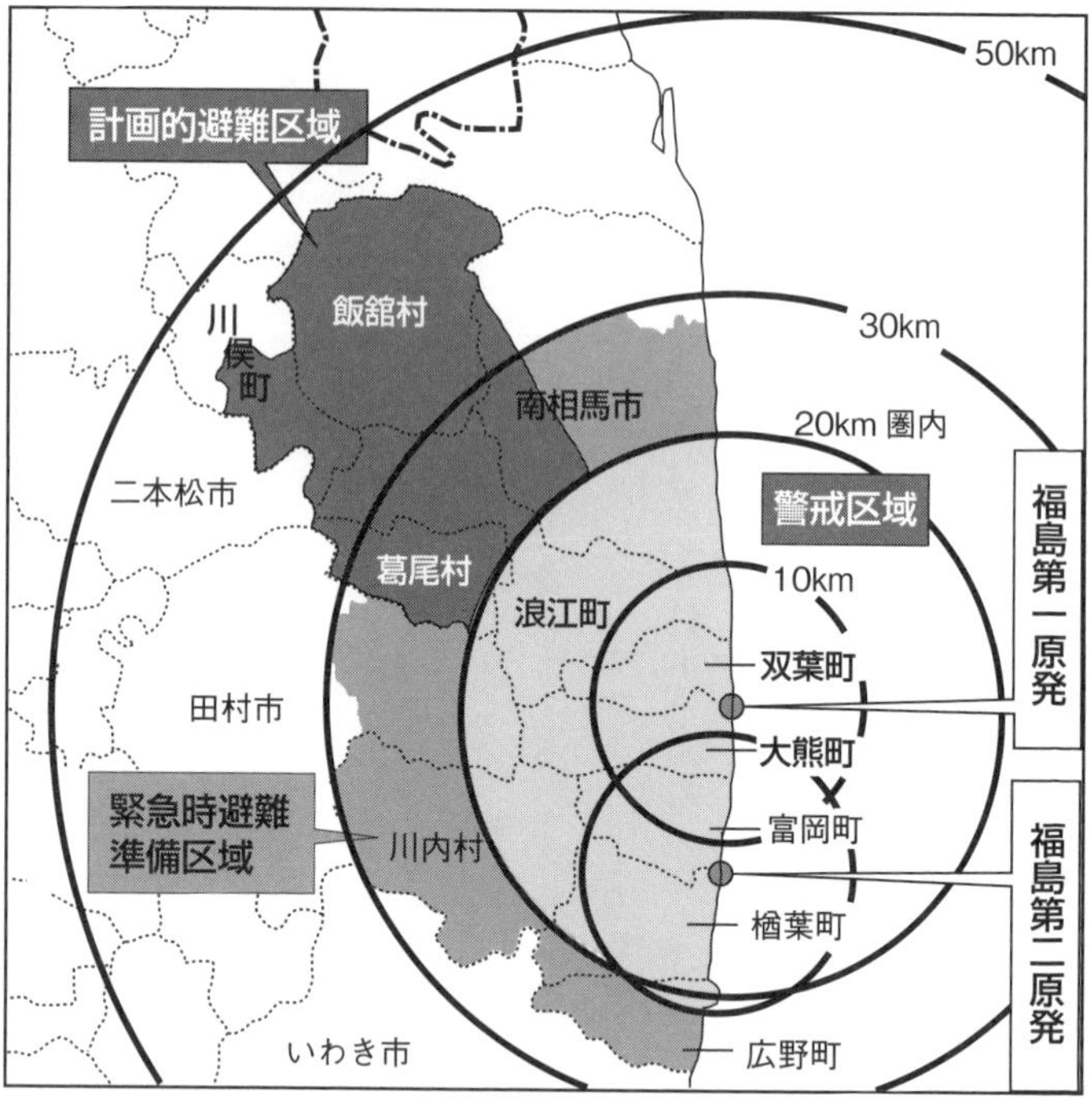

民と漁民であり、計画的避難区域や20㎞圏内の警戒区域はゴーストタウンと化している。

戦時を除けば、日本史上初めてのことであり、福島県は依然として非常事態下にあるといっても過言ではない。完全収束の目処はいまだ立っていない。

日本は豊かな自然に恵まれる一方、地震、火山、台風など自然災害大国でもある。100%安全な原子力発電所など、存在するはずがない。そして、福島県は東京電力の原子力発電所の電気を1ワットも使っていないにもかかわらず、放射能漏れ事故の最大の被害を被った。
そもそも、東京電力の原子力発電所は福島県と新潟県にあり、電力の恩恵を受けている首都圏には一基もない。南北問題と同じ構図である。電力に限らず、東京は食べもの、水、エネルギーをほとんど自給していない。権力と経済力によって、東京は限りなく地方を収奪してきたのだ。今回の放射能漏れ事故の核心は、電力を湯水のように使う東京都心ではなく、福島県という地方が最大の被害者になったことである。

第二次世界大戦後、東京は「集団就職」「金の卵」などの美名のもと、人材を地方から奪った。木材、家畜飼料（以下、餌）、ムギ類・ダイズ、さらに果樹や野菜、牛肉の輸入自由化によって、農林業の経済的基盤が破壊されてきた。一方で、原子力発電の放射能リスクは地方に押しつけた結果が、今回の事故につながったのである。こうして、何の罪もない福島県民が住み慣れた故郷を追われた。

電力消費量を3分の2に減らす

半減期が30年もあるセシウム１３７の放射能で高濃度に汚染された福島の完全な復旧には、３００年もの歳月がかかるかもしれない[1]。しかも、これまでに5兆ワットの電力を原子力発電所が生み出した一方で、広島に投下された原爆に換算して90万発にも相当する放射性廃棄物が貯まってしまった[2]。原子力発電と放射能の生成はコインの表と裏の関係にあり、切っても切り離せないからである。原子力発電所で生成するプルトニウム239は猛毒性で、[3]半減期が2万4000年もあり、核爆弾の原料になる。われわれの子孫は、危険きわまりないプルトニウムの管理を未来永劫押しつけられる。**原子力発電所の存在が犯罪だ**。[4]

すべての原子力発電所の即時停止、つまり**反原発**は当然である。同時に、われわれは湯水のように電力を使う生活様式から脱却して、原子力発電所が不要となる**脱原発**を図らなければならない。手始めに電力消費量を3分2に減らす[5]ところから始めてはどうだろう。

ただし、それは入り口にすぎない。火力発電所は地球温暖化を加速するし、大型ダムによる水力発電はサケ、アユ、ウナギなど遡上する魚の生態系を破壊した。大型風力発電は、風切り音(空気の流れによって起こる騒音)による健康障害やバードストライク*による渡り鳥への悪影響が懸念されている。[6]大量消費のための大型発電所がいかに環境破壊的なのかわかる。

閉塞感を抜け出す道

原発事故前から、日本社会を閉塞感が覆っている。格差は拡大し、不満はつのる一方である。労働者の3分の1が非正規雇用で、いつ解雇されるかわからない。年収が200万円以下の世帯が全体の2割に達するという。日本はすでに格差社会に突入した。一億総中流社会は遠い過去の話なのだ。

他人を巻き添えにする、あるいは家族が家族を殺傷する凄惨な事件、家庭内暴力、育児放棄が頻発している。医療費は年々増大して2010年度には36兆円を超え、とどまるところを知らない。統計上は世界に冠たる長寿大国であるが、内情は病人大国であり、多くのお年寄りが健やかな老後を送っているわけではない。お年寄りは社会から「不用」とみなされた存在となっており、社会から隔離された孤独死が後を絶たない。

20世紀の日本は、アメリカをモデルとして物質的・経済的に豊かになることが幸福につながると信じて、高度経済成長をとげた。しかし、大量生産―大量輸送―大量消費―大量廃棄は、地球規模の環境問題を引き起こした。20世紀の最後に始まった経済のグローバル化は、世界をアメリカ基準の経済戦争に巻き込んだ。21世紀が始まって12年が経過して明らかになったのは、グローバル経済のもと、ついに人までもが機械の部品のごとく不用になれば切り捨てられるという事実である。グローバル経済が人を幸福にすることはない。家庭や地域が崩壊して人びとの絆が希薄になり、社会は殺伐とする一方である。

人は、息を吸い、水を飲み、食べものを食べ、眠る。人にとって根源的に必要なものは、それだけだ。汚染されていない空気と水、健康に留意した食べもの、そして住まいさえあればよい。さらに、もうひとつ付け加えると、人は群れをつくる本能をもっているので、家族、友達や共同体も不可欠である(人は一人では生きていけない)。社会が複雑化し、過多な情報が飛び交うからこそ、シンプルなところから出発したほうが、21世紀の日本にとってのあるべき方向(持続可能な生き方)を見つけられるのではないか。

著者が提案する21世紀の持続可能な生き方とは、清浄な空気と水、健康に留意した食べもの、そしてエネルギーを持続的に再生産する方法、すなわち、自産自消と地域自給である。

自産自消とは、自ら植物を育て、自ら家畜を飼って、自ら加工・貯蔵し、自ら調理して食べることである。水やエネルギーも対象に含まれる。地域自給とは、地域経済を再生して、その地域で暮らしを成立させることだ。その中心は人だから、家族と共同体の再生や相互扶助が不可欠となる。物質的・経済的には現在より格段に質素で不便であっても、このようなシンプルで持続可能な生き方、そして社会のあり方こそが、人を幸福と健康にすると信ずる。

自産自消と地域自給を中心とした暮らしと社会は、現在よりも格段にエネルギー消費量が少なく、ピークオイルがきっかけで起こる最後の石油ショック(第I部2参照)に振り回されることもない。化石燃料に依存しないので、地球規模の気候変動に荷担することもない。原子力発電は不要である。自ら食べものを生産するから、今後頻発が予測される食料不足の際に食べものを奪い合うこともない。自らの体を使って無添加の食べものが入手でき、清浄な空気と水を得られるので、健康に悪いはずがない。

農業は、子どもからお年寄り、心身障がい者まで誰でも役割を見つけられるので、社会から不用な人はいなくなる。燃料や建築材、下草、落ち葉のために里山の利用を再開するので、里山が再生し、二次的自然*に依存した生物多様性が再生される。さらに、生きものを育てることで、誰でも達成感を得られる。これは、複雑化して達成感が見えにくい現代社会において、きわめて貴重である。そして、育てる人と人の間に新しいコミュニティが生まれる。過度の個人主義によって絆が希薄になってしまった現在、育てることをきっかけに新しい絆を形成できることも、同じくらい重要だ。

価値観さえ変えることができれば、自産自消と地域自給の生き方、そして社会のあり方は、いいことずくめである。そのためには、一人でも多くの人が右肩上がりの成長にしがみつくのをやめることだ。以下の4点が原則となる。

①足るを知り、不便さを引き受ける。

②農林水産業を基盤に、自然に寄り添って生きる。

③大自然の脅威の前では、人は微力な存在である。一人では生きていけないから、地域共同体の中で暮らす知恵を身につける。

④長期的な視点をもって、自発的・内発的に行動する。

最後のチャンス

第Ⅰ部では、20世紀後半から21世紀最初の10年はどのような時代だったか振り返る。次に、現在の状況がそのまま継続した場合(しばしばプランA*と呼ばれる)どのような結末が待っているかを理解していただくために、3つの難問——最後の石油ショック、地球規模の気候変動、そして最大の課題となる食料問題——について想定される事態を述べる。

第Ⅱ部では、筆者が提案する21世紀の持続可能な生き方、すなわち自産自消と地域自給の理念、自らの手による食べもの、水、エネルギーなどの生産の方法について具体例を述べ、地域自給のモデルケースを紹介する。

人類は歴史のほとんどにおいて自らの食べものを自らまかない、地域の中で生計を立ててきた。ごく当たり前だった姿に戻ることが、人を幸福と健康に、そして社会を持続的にする。

3・11を契機として、エネルギーと地下資源を大量消費する生活や社会の様式、地方や農林水産業を切り捨てて東京が収奪してきた明治維新以降140年間の流れを大転換できるかどうかに、われわれの真価が問われているといっても過言ではない。地球温暖化、生物の大量絶滅など、人類は破局の道を突き進んでいる。逆説的にいえば、今回の原発事故は破局を回避する最後のチャンスである。最後のチャンスを生かせないほどわれわれは愚かでないことを願ってやまない。

(1) セシウム137は放射線(おもにガンマ線)を出して崩壊し、バリウム137になる(バリウム137は放射能を有しない安定元素)。セシウム137の半減期は30年なので、10倍の期間である300年経つと、セシウム137の量が最初の1000分の1以下に減る(2の10乗分の1)。仮に土壌に100万ベクレルのセシウム137が現在あるとすると、崩壊によって300年後には1000ベクレルに減少する。なお、この計算ではセシウム137が水に溶けて土壌から外に流れ出すことは考慮していない。

（2） 小出裕章氏（京都大学原子炉実験所助教）の資料（http://www.rri.kyoto-u.ac.jp/NSRG/seminar/No97/koide_ppt.pdf）による。

（3） プルトニウム239は半減期が2万4000年と長く、ベータ線やガンマ線よりも20倍有害なアルファ線を多く放出する。アルファ線は透過力が小さいが、肺に吸入すると深刻な内部被曝を引き起こす。

（4） 小出裕章・中嶌哲演・槌田劭『原発事故後の日本を生きるということ』農山漁村文化協会、2012年、21ページ。

（5） 2009年には国内発電量の29％を原子力に依存していた（http://www.fepc.or.jp/library/publication/pamphlet/nuclear/zumenshu/pdf/all01.pdf）。したがって、電力使用量を3分の2に減らせば、計算上、原子力発電は不要となる。

（6） 風切り音については「風力発電―再改訂版―」エネルギー総合工学研究所、2004年、317ページ（http://www.iae.or.jp/publish/pdf/2003-2.pdf）、バードストライクについては「鳥類等に関する風力発電施設立地適正化のための手引きについて」（http://www.env.go.jp/press/press.php?serial=13331）を参照。

＊を付した用語は、用語解説（152～162ページ）を参照されたい。

第Ⅰ部

ピークオイルと食料危機がやってくる

1　石油文明の世紀

安い石油への依存

物質文明が開花したのは、潤沢な石油が存在したからである。掘削を始めたとき、石油は圧力で自噴した。液体で熱量も高いので、固体の石炭や気体の天然ガスより使いやすい[1]。自動車や飛行機による長距離の移動やモノの輸送が世界に拡大したのは、石油をまさに「湯水のごとく」、低価格で使えたからである。20世紀後半の文明は石油文明と呼ぶのがふさわしいほど、欧米諸国や日本などの便利な生活は石油に支えられてきた。しかし、数十億人に達する人類が均等に石油の恩恵を受けたわけではない。依然として20億人近い人びとが石油の消費とはほぼ無関係に生きている。

１９７０年代の２度の石油ショックが起こるまで、石油価格は１バレル[2]あたり5ドルにも満たなかった。ただ同然の時代が72年まで続いたのである（図2）。安価な石油が、トラック、船、飛行機による工業製品や人の長距離輸送や移動を可能にする。大量生産された工業製品が大量消費されるのは、長距離輸送や移動のおかげだった。大量に消費された製品の一部は再利用されたりリサイクルされるが、そのためにも石油を必要とする。残りは大量に廃棄された。廃棄

図2　国際石油価格の推移(ドル／バレル)

(注) WTI(West Texas Intermediate)価格。WTI価格は、ニューヨークのマーカンタイル取引所で取引される世界的な原油価格の指標。
(出所) 資源エネルギー庁。

物を減量するための焼却にも、また石油が必要である。

変わらぬ石油漬け

石油価格は2008年6月に最高値の134ドルを記録し、2010年以降は80~110ドルで推移している(図2)。今後、上昇することはあっても、下降が続くことはないだろう。

2010年の日本のエネルギー消費量は2312万兆ジュール*で、そのうち石油が1010万兆ジュール(44%)を占める(20ページ図3)。1973年には75%を石油に依存していたが、二度の石油ショックでエネルギーの分散を

図3　日本のエネルギー供給(2010年)

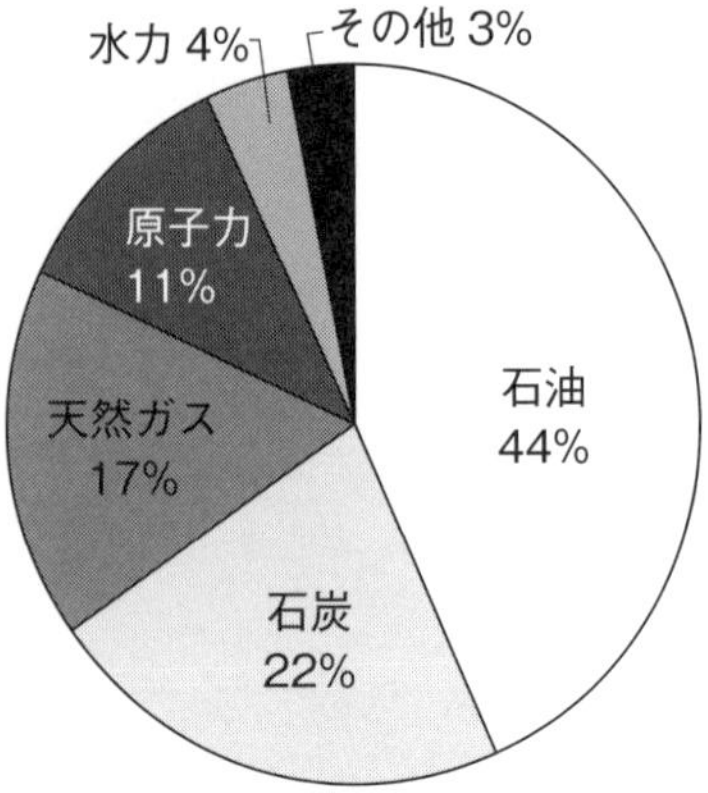

図ったため、石油への依存度は減った。見方を変えれば、現在石油に依存している部分は代替がむずかしいということである。

石油が大幅に不足した場合、大きな影響を受けるのは、トラック、船、飛行機による貨物と人の輸送、石油化学とその製品に依存した産業、そして農業である。トラクターなどの農業機械、穀物の乾燥、温室などの暖房、ビニールハウスや被覆資材など、農業は「石油漬け」であり、後述する最後の石油ショックの影響は計り知れない。

19世紀までの農業は、自然のもとで食べものや衣類の原料を生産していた。20世紀の後半、トウモロコシ、コムギ*、イネの収量は飛躍的に増加し、機械で効率的な作業が可能となる。だが、機械の製造と運転、化学肥料と農薬の製造・散布、収穫物の乾燥など、農業も石油漬けとなった。生産過程だけでなく、食料の輸送、保存、調理（食料のフードシステム）も石油漬けである。

家庭のエネルギーも同様だ。20世紀前半までは薪や炭などバイオマスエネルギーに依存していたが、石油や天然ガス、原子力発電や石炭火力発電を主体とする再生可能ではないエネルギーに完全に置き換わった。

そして、人口が１０００万人を超えるメガシティ(3)が世界各地に20以上も現れた。メガシティを維持するためには、食べもの、水、建築資材、生活用品などの膨大なモノを外部から輸送し、消費後に発生した廃棄物を運び出さなければならない。この輸送体系も石油に大きく依存している。

メガシティに象徴される大都市の発展過程で、農村は人材の供給源、農産物や木材などの原料の供給源となった。都市への人口集中は、農村の過疎と表裏一体である。テレビや新聞の情報の発信源は大都市であり、農村は情報の受け手であった。当然の帰結としてＧＤＰ（国民総生産）は大都市に集中し、農村の地位は低下の一途をたどる。都市に一極集中したから農村が疲弊したのだ。

大量廃棄の結果、地球規模で環境問題が発生した。地球は有限であり、大量の廃棄物を捨てる場所はない。象徴的な例が二酸化炭素である。地球の容量を超える二酸化炭素を廃棄するから、気候が大きく変動した。そもそも、大量生産・大量消費が間違っている。

著者は、自然に寄り添い、地域経済と共同体社会を再生することが21世紀における持続可能な生き方であり、現在より経済的にははるかに質素で不便であっても、人が幸福かつ健康に生きていく方法だと信じる。自産自消と地域自給を具体的に示す前に、現在までのような経済成長を、日本、さらに世界全体が続けた場合、どんな事態が起こるかを考えてみよう。

（1）石油は1ℓあたり3820万メガジュール、石炭は石油換算すると1ℓあたり2250万～2890万メガジュールで、石油のほうが熱量が高い。100万ジュールの熱で0℃・3kgの氷を溶かすことができる。
（2）バレルは石油の計量単位で、1バレルは約159ℓ。
（3）人工建造物・居住区や人口密度が連続する都市化地域である都市的集積地域で、居住者が少なくとも1000万人を超える都市部。必ずしも行政区域の人口ではなく、都市的集積地域としての実質的な都市部を他の区域まで形成している場合は、その区域の人口も含める。日本では、東京区域（3650万人）と大阪区域（1130万人）が該当する。地震、気候変動に伴う気象災害、石油逼迫に伴う輸送体系の崩壊など、人口が集中するほど脆弱性は高まる。

2　第一の難題——最後の石油ショック

ピークオイルがやってくる

　地下資源は有限であり、決して無尽蔵ではない。すでに１９７２年に、ローマクラブが予測していた[1]。最近でも、レスター・ブラウン氏が毎年のように警告している[2]。ごく当然のことである。ところが、新聞やテレビのニュースは目先の現象しか眼中にない。ほとんどが毎年右肩上がりの経済成長を期待する。

　しかし、実際には、もはや石油文明は大きな曲がり角を迎えている。「ピークオイル」を過ぎようしているからだ。石油が枯渇するわけではない。まだ、半分残っている。だが、増産がむずかしくなり、ついには減産に向かう。これがピークオイルだ。結果として、世界の石油需要を二度と満たすことができなくなり、需給バランスが大きく変わる。単刀直入に言えば、未曾有の、そして最後の石油ショックが起こる。

　石油の発見量は、１９６０年代にすでにピークを迎えた（24ページ図4）。その後は多少の増減はあるものの減少傾向にある。今後も発見量は減少の一途をたどる見込みであり、消費量をまかなえなくなる日（最後の石油ショック）が来るのはそう遠くないだろう。ピークオイルがい

図４　世界の石油発見量と消費量の推移と予測

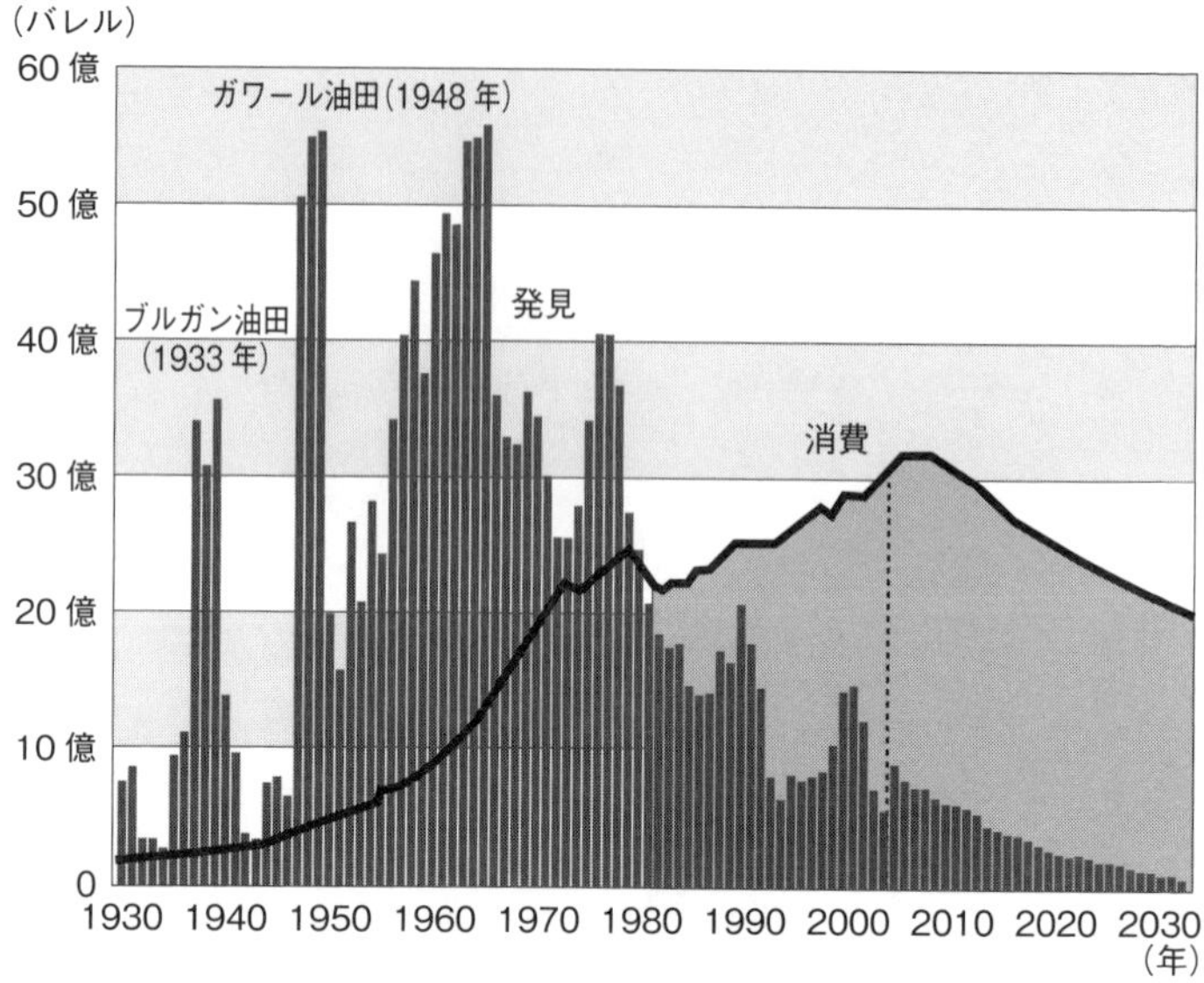

（出典）石井吉徳『知らなきゃヤバイ！石油ピークで食糧危機が訪れる』日刊工業新聞社、2009年、6ページ。

（注）棒グラフの2004年までは発見された埋蔵量、2005年以降は新たに発見されるであろう埋蔵量。折れ線グラフの2004年までは消費量実績、2005年以降は消費量予測。ここでは、2008年ごろにピークオイルが来ると予想していた。

つ来るかという予測には、２００５年にすでに迎えたという悲観的なものから、25年以降であるとする楽観的なものまである。平均すると２０１２年の計算になる。[3]

表１に示したように、すでにピークオイルを迎えた石油産出国は多い。まだ達していない主要産出国は、クウェートとイラクぐらいである。また、注意しなくてはならないのは、石油産出国が残存埋蔵量を政治的に水増ししているかもしれない点

表1 ピークオイルを迎えたおもな国の既採掘量と残存埋蔵量

国名	ピークオイル（年）	既採掘量（10億バレル）	残存埋蔵量（10億バレル）
リビア	1970	23	29
ベネズエラ	1970	47	78
アメリカ	1971	172	30
イラン	1974	56	90
インドネシア	1977	20	5
ロシア	1987	127	60
イギリス	1999	20	5
サウジアラビア	2008	97	262

（出典）マクウェイグ・リンダ著、益岡賢訳『ピーク・オイル』作品社、2005年、369ページ。

だ(4)。もしそうであれば、今後に使用可能な石油はさらに少なくなる。

最後の石油ショックで何が起きるか

最後の石油ショック後の世界では、どんな事態が起こるであろうか。不確定な要素ばかりであるが、次のようなことが想定されるだろう。

①石油と石油に依存した製品の価格が高騰する。

②石油の供給不足がより深刻になると、使用量の大幅制限（たとえば配給制）が起こる。そして、お金を払っても、ほしいだけの石油が手に入らなくなる。

③その結果、長距離の大量輸送が困難となり、グローバル経済が終焉する。

④長距離の大量輸送に依存したメガシティは、外部からのモノの輸送と廃棄物の搬出が滞り、機能不全に陥る。

⑤石油に依存した近代農業は生産量が低下し、国

図５　日本と先進国の１人あたりフードマイレージの比較（輸入相手国別）

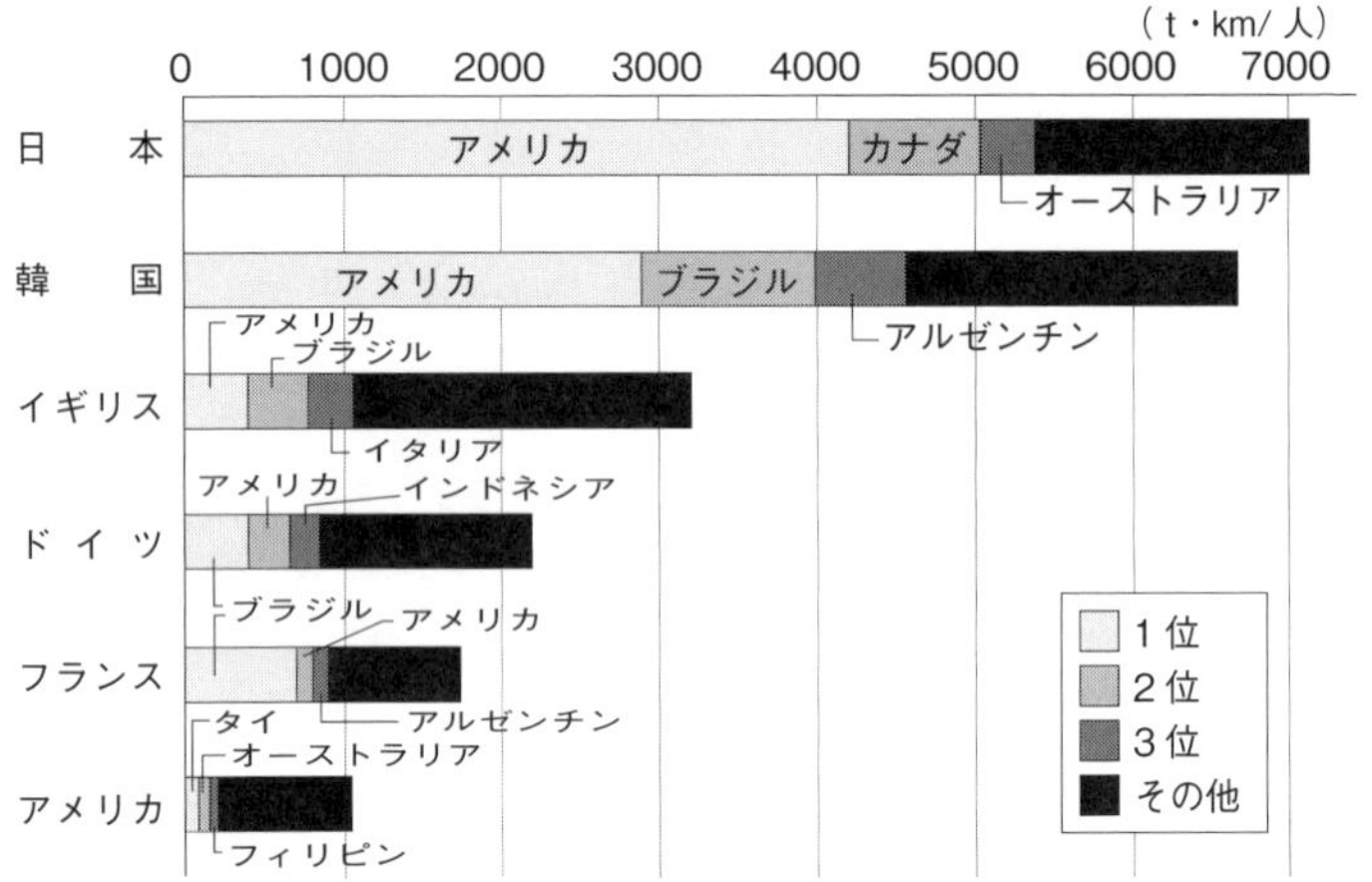

（出典）中田哲也『フード・マイレージ――あなたの食が地球を変える』日本評論社、2007年、115ページ。

産食料の供給量も減少する。フードマイレージが世界最大の日本（図５）は、輸入の食料・飼料も大幅に減少する。その結果、食料価格が大幅に高騰し、量も不足して、食料危機に陥るかもしれない（35～38ページ、参照）。

なお、フードマイレージとは農産物の輸送量に輸送距離を掛けた値で、農産物がいかに遠くから大量に運ばれているかをわかりやすく示す指標である。日本と韓国は一人あたりのフードマイレージがきわめて高い。日本の場合は、アメリカ、カナダ、オーストラリアなどから、トウモロコシ、ダイズ、ナタネ、小麦などの穀物、飼料、油糧作物を大量に輸入している。これらの輸送はトラックや船を使っているので、石油に大きく依存しており、最後の石油ショック後も日本に向けて輸出される保証はない。

石油以外のエネルギー源に頼れるのか

「石油がなくなっても、天然ガス、シェールガス*[5]、石炭、非在来型石油、原子力があるから大丈夫」と思われる人がいるかもしれない。

だが、日本は世界最大の天然ガス輸入国である。石油が足りなくなったからといって、天然ガスの輸入量を大幅に増やすのはむずかしいだろう[6]。シェールガスはアメリカで大量採掘技術が確立し、天然ガスに代わるガス資源として生産が急増している。しかし、ガスで飛行機は飛ばせないし、船は長距離移動できない。

石炭は石油以上の資源量があるとされているが、使用量を大幅に増やした場合には、次に述べる第二の難題、すなわち気候変動の点で人類は破局を迎える。得られるエネルギーあたりの二酸化炭素排出量は、石油よりも石炭のほうが大きいからである。石炭を液化する場合は、液化にエネルギーを使うので、二酸化炭素排出量はさらに増える。多くの生物が急激な環境変化についていけず、絶滅する。

シェールオイル*やタールサンドなどの非在来型石油[7]と呼ばれる資源は、効率が悪い。シェールオイルは1000mより深い地層から掘り出す。オイルサンドはきわめて粘性の高い鉱物油分を含む砂岩で、実際の成分は石油精製から得られるアスファルトに近い。多くの場合、複雑な有機化合物であり、前処理に多大なエネルギーとコストを要し、一方で採掘と処理の過程で大量の二酸化炭素を排出し、環境問題を引き起こす可能性がある。原子力発電の原料であるウランも有限だ。そもそも原子力発電は電力しかまかなうことはできず、飛行機はもちろんトラックや船による長距離輸送にも使えない。

自然エネルギーの利用を推進することは必要だ。ただし、たとえば自然エネルギーのおおもとの太陽エネルギーは1秒間に1㎡あたり240ジュールと、石油の1ℓあたり3億8200万ジュールに比べて希薄であるため、発生した場所で使うエネルギーの地産地消が効率的である。

悠久の歴史のなかで生じた石油と石炭

46億年という悠久の歴史のなかで、石油が生成したのは1億5000万～6500万年前と比較的最近のことだ。当時、海洋微生物が大繁殖し、その死骸が海底に堆積して熱と圧力で変成したのが石油である。そのなかで、石油の層の上に幸運にも泥岩や石灰岩などの層がカバーして漏出を防いだものが、現在に至って油田となった。一方、石油が生成してもカバーがなく、漏れ出した場合は、微生物に分解されて消え去った。中東に大きな油田が集中しているのは、当時の中東の地形が石油の生成と漏出防止の両面で理想的な状態だったからであり、決して偶然ではない。

世界全体では数千億トンにも及ぶ石油が埋蔵していると考えられるが、６５００万年前に起こった生物の大量絶滅以降、大量生成することはなかった。約1億年にわたって地中に蓄えられた石油を、現在のペースではわずか２００年で使い切ろうとしている。地球の生態系に影響を与えないほうがおかしい。

石炭は植物が化石化したものである。石油よりも古く、しかも生成した期間が石油よりはるかに長いため（3億６７００万〜２０００万年前）、埋蔵量は石油より多い。人類が使い始めてから、やはり２００年にすぎない。

石油や石炭が生成した年月と比べて、現在の消費スピードがいかにけたはずれであるか、おわかりいただけただろう。

（1）メドウズ・D・H、メドウズ・D・L、ラーンダズ・J、ベアランズ三世・W・W著、大来佐武郎監訳『成長の限界』ダイヤモンド社、１９７２年。

（2）レスター・ブラウン氏はアメリカの思想家、環境活動家。現在、アースポリシー研究所の所長。その未来予測については、ブラウン・L『プラン B4.0』（ワールドウォッチジャパン、２０１０年）を参照。

（3）枝廣淳子『エネルギー危機からの脱出』ソフトバンククリエイティブ、２００８年、30〜34ページ。ピークオイルについては、ストローン・デイヴィッド著、高遠裕子訳『地球最後のオイルショック』（新潮社、２００８年）、マクウェイグ・リンダ著、益岡賢訳『ピーク・オイル』（作品社、２００５年）、レゲット・ジェレミー著、益岡賢・植田那美ほか訳『ピーク・オイル・パニック』(作品社、2006年)を参照。

(4) 1985~90年に、大型の新規油田が見つかっていないにもかかわらず中東産油国の埋蔵量が3000億バレル増えたため、水増しならぬ「油増し疑惑」が指摘されている(前掲(3)『ピーク・オイル・パニック』71~76ページ)。

(5) 深層の頁岩《けつがん》に含まれる天然ガスで、技術の進歩と石油価格の上昇によって採掘が実用化した。ただし、採掘と処理の過程で地下水汚染などの環境問題や地震を引き起こす可能性が危惧されている。

(6) 図3(20ページ)に示したように、日本のエネルギー供給に占める天然ガスの割合は17%。すでに世界最大の輸入国であり、ずば抜けて輸入量が多い(前掲(3)『エネルギー危機からの脱出』41ページ)。

(7) これまであまり利用されていない、石油を精製できる可能性のある資源。シェールオイルはシェールガスと同様に、深層の頁岩から産出する。深層から掘り出して、実用化が可能かどうか、まだわかっていない。

3　第二の難題——地球規模の気候変動（不可逆的事態の発生）

21世紀に入って、地球規模の気候変動が激しくなっている。２００３年にヨーロッパを襲った熱波、05年のハリケーン「カトリーナ」[1]、オーストラリアで起きた２００７年の大干ばつと11年の大洪水。[2] 日本では、２０１０年８月の平均気温が平年より２・25℃も高く、観測史上もっとも暑い夏だった。そして、日本の平均気温はこの１１０年間で１・２℃近くも上昇している（32ページ図６）。人間活動、とくに化石燃料の使用による二酸化炭素放出が最大の原因であることは、疑いようがない。

仮に石油やシェールガスが無尽蔵にあり、ピークオイルは起きないと仮定しても、地球環境がもたない。いまのペースで石油を使い続けるだけでも、地球規模の気候変動は、近い将来ブレーキが効かなくなり、二度と元に戻れない不可逆的な事態が起こると予想される。まして、石油の代わりに石炭や非在来型石油を大量消費すれば、二酸化炭素の放出は止まらない。

一線を越えれば人類が破局的な状況を迎えることは、気候変動に関する政府間パネル（ＩＰＣＣ）[3]などで報告されているとおりである。多くの事態が想定されるが、わかりやすいものについて簡単にふれることにしよう。

図６　日本の６〜８月の平均気温平年差の経年変化（1898 〜 2010 年）

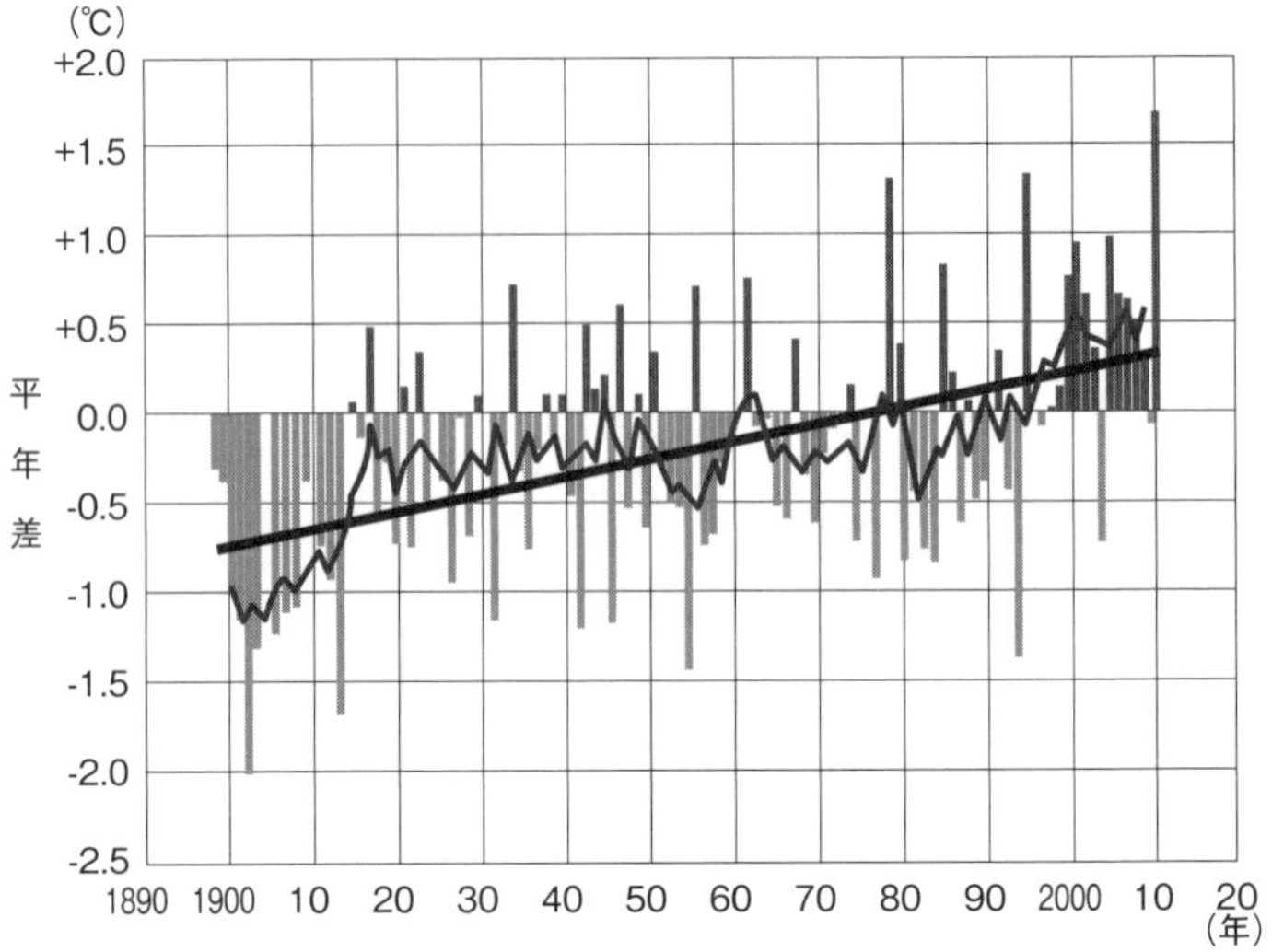

（注１）縦軸は、1971〜2000 年の平均気温を基準（0℃）とした差。

（注２）太線は、その年と前後２年を含めた５年間について平年差との平均をとった５年移動平均。これによってゆっくりした変動を見ることができる。

（出典）「気候変動監視レポート 2010」気象庁、６ページ（http://www.data.kishou.go.jp/climate/cpdinfo/monitor/2010/pdf/ccmr2010_all.pdf）。

①ヒマラヤやチベット高原など「世界の屋根」の氷河が消失する。その結果、中国の長江（揚子江）や黄河、インドのガンジス川、パキスタンのインダス川、東南アジア諸国のメコン川が乾季に渇水して、農業生産などに甚大な被害を及ぼす。同様の現象が氷河に源流をもつ世界各地の河川で起こる。

②ツンドラ地帯の永久凍土には二酸化炭素やメタン（CH_4）が封印されている。永久凍土が溶け出すと、氷に閉じ込められていた二酸化炭素やメタンが放出され、温暖化が

加速する。なかでも、メタンは二酸化炭素の21倍の温室効果をもっており、影響が重大である。

③温暖化がさらに進むと、グリーンランドや南極の氷河が溶解して、海面が上昇する。東京や大阪をはじめ、海抜ゼロメートル地帯に発達した世界の都市は、高潮などによって容易に浸水される。

④北極の氷が溶けて海面や地面が現れるようになると、氷で反射していた太陽光が吸収され、北極の温暖化が一気に加速する。

⑤地球の気温上昇が平均で2℃以上になると、それに伴う気候変動についていけない生物が大量に絶滅する。2010年の8月を思い出してほしい。平均と比べてたった！2・25℃暑かっただけで、国民生活や農業に大きな影響を与えた。この年の夏に熱中症で病院に搬送された直後に亡くなった人だけで170人にのぼるという。高緯度地帯では、数度の温度上昇が予測されている。人だけでなく生物にどれほど甚大な影響を及ぼすか想像してほしい。気候変動に関する政府間パネルの予測によると、地球の温暖化が2℃以上進むと、生物の大量絶滅や熱波によるお年寄りなど弱者の死亡が起こるという。[4] 日本の過去の気温上昇分（図6）を差し引くと、あと1℃も残されていないことになる。

（1）2005年8月下旬にアメリカ南東部を襲った超大型ハリケーン。最低気圧は902ヘクトパスカル、最大風速は秒速78ｍを記録し、甚大な被害を及ぼした。

（2）２００1年以降、干ばつが慢性的に起こり、生活・農業・経済に甚大な影響を与えた（http://www.nilim.go.jp/lab/bcg/siryou/tnn/tnn0426pdf/ks042611.pdf）。また、２０１０年末からの記録的な大雨に引き続き、大型サイクロン「ヤシ」が上陸した北東部のクイーンズランド州は、農業や鉱業に大打撃を受けた。

（3）Intergovernmental Panel on Climate Change の略称。

（4）文部科学省・気象庁・環境省・経済産業省訳『気候変動２００７：統合報告書（政策決定者向け要約）』（http://www.env.go.jp/earth/ipcc/4th/syr_spm.pdf）。

4 第三の難題——日本の最大の課題は食料自給

石油が不足しても、気候が変動しても、人は食べなければ生きていけない。世界の食料生産は石油漬けになっており、しかも日本は食料・飼料の約6割を輸入している。

日本の食料自給率は先進諸国で最低である。米は98％、魚介類は60％自給しているものの、コムギは8％、ダイズは25％、畜産物は16％、油脂類は3％にすぎない（図7）。熱量でみると、1人1日あたり国内農産物でまかなえるのは959キロカロリー。これでは、生存すらおぼつ

図7　日本の品目別食料自給率と供給熱量の構成

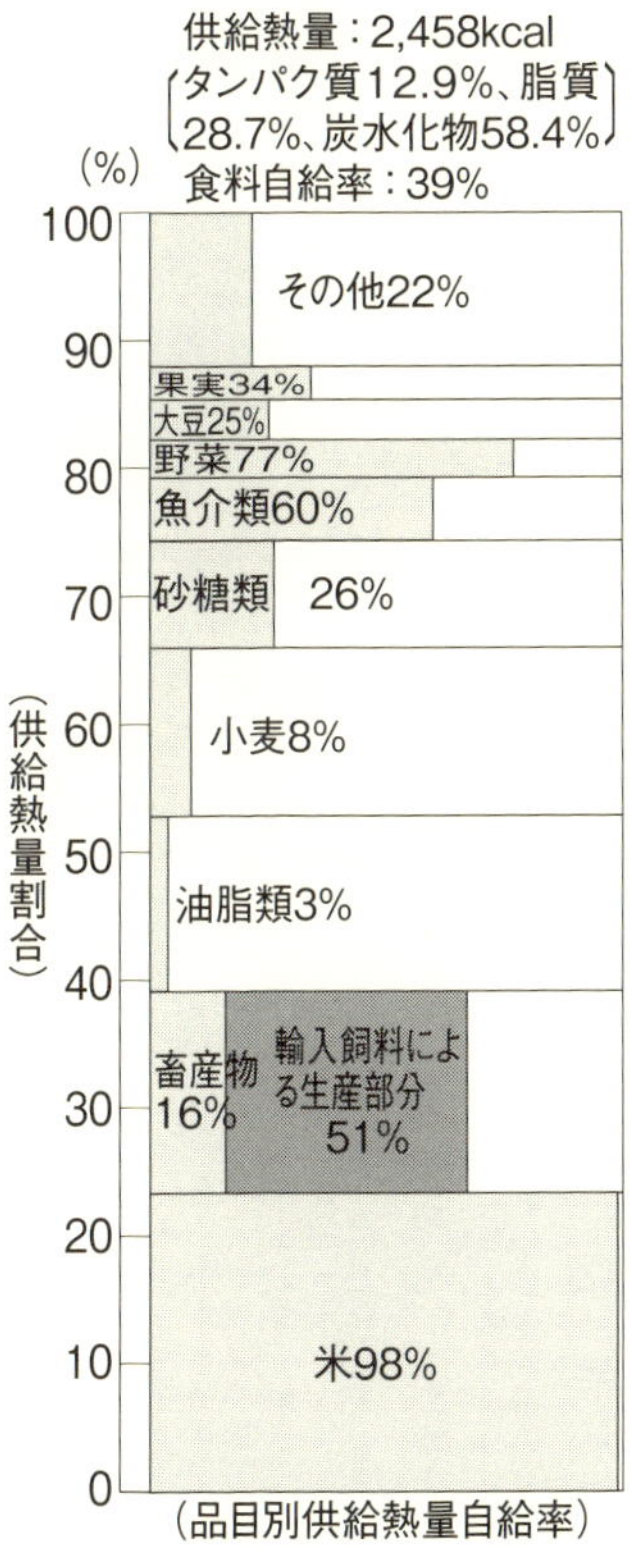

（注）▭は自給部分、▭は輸入部分。
（出典）農林水産省『平成24年度版食料・農業・農村白書』。

図８　高齢化する農業者(2010年)

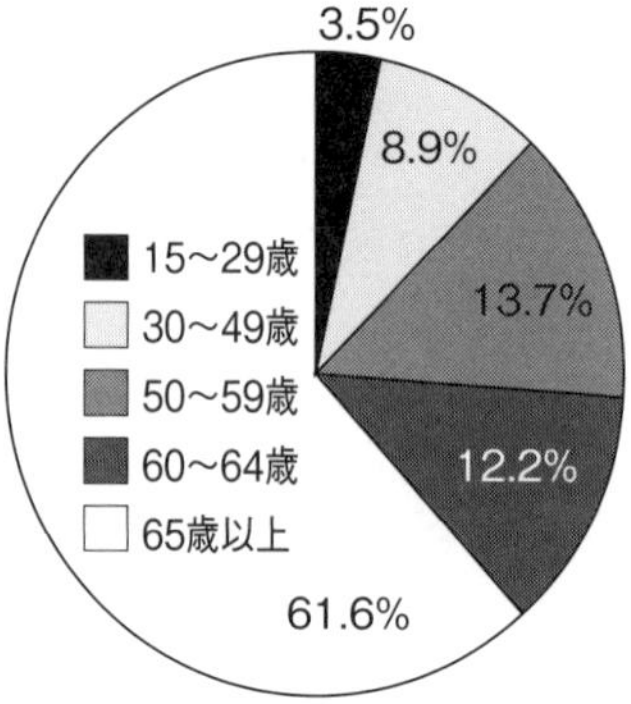

(出典)「2010年世界農林業センサス結果の概要(確定値)」(http://www.maff.go.jp/j/tokei/kouhyou/noucen/pdf/census10_kakutei.pdf、14ページ)。

かない。最後の石油ショックが深刻になれば、食料や飼料の輸入が大幅に落ち込んでも不思議ではない。

さらに深刻なことに、国内農業の担い手が高齢化し、6割が65歳以上である。ここで問題なのは、お年寄りが農業をしていることではなく、それに続く若い世代(50歳未満)が12%しかいないことである(図8)。

加えて、絶対数が急速に減少している。１９６０年に６０６万人いた農業者(農業就業人口)、すなわち自分の食べものを自ら育てる能力のある人は減少の一途をたどり、２０００年には３１２万人。１９６０年から、ほぼ半減した。２０１０年は２５１万人で、人口の２%にすぎない。このまま推移すれば、２０５０年には食べものを自ら育てる能力のある人は誰もいなくなってしまう計算になる(図９)。

食料価格の高騰など、まだ序の口なのだ。日本にとって最大の至上命題は、石油に頼ることなく国民に必要なカロリーとタンパク質の量を確保して、国内自給できるかどうかである。今後、長距離輸送はコスト的に合わなくなるので、地産地消が基本となる。最後の石油ショック同様、不確定要素が多いが、以下のような事態が想定される。

図９　農業就業人口の推移と見通し

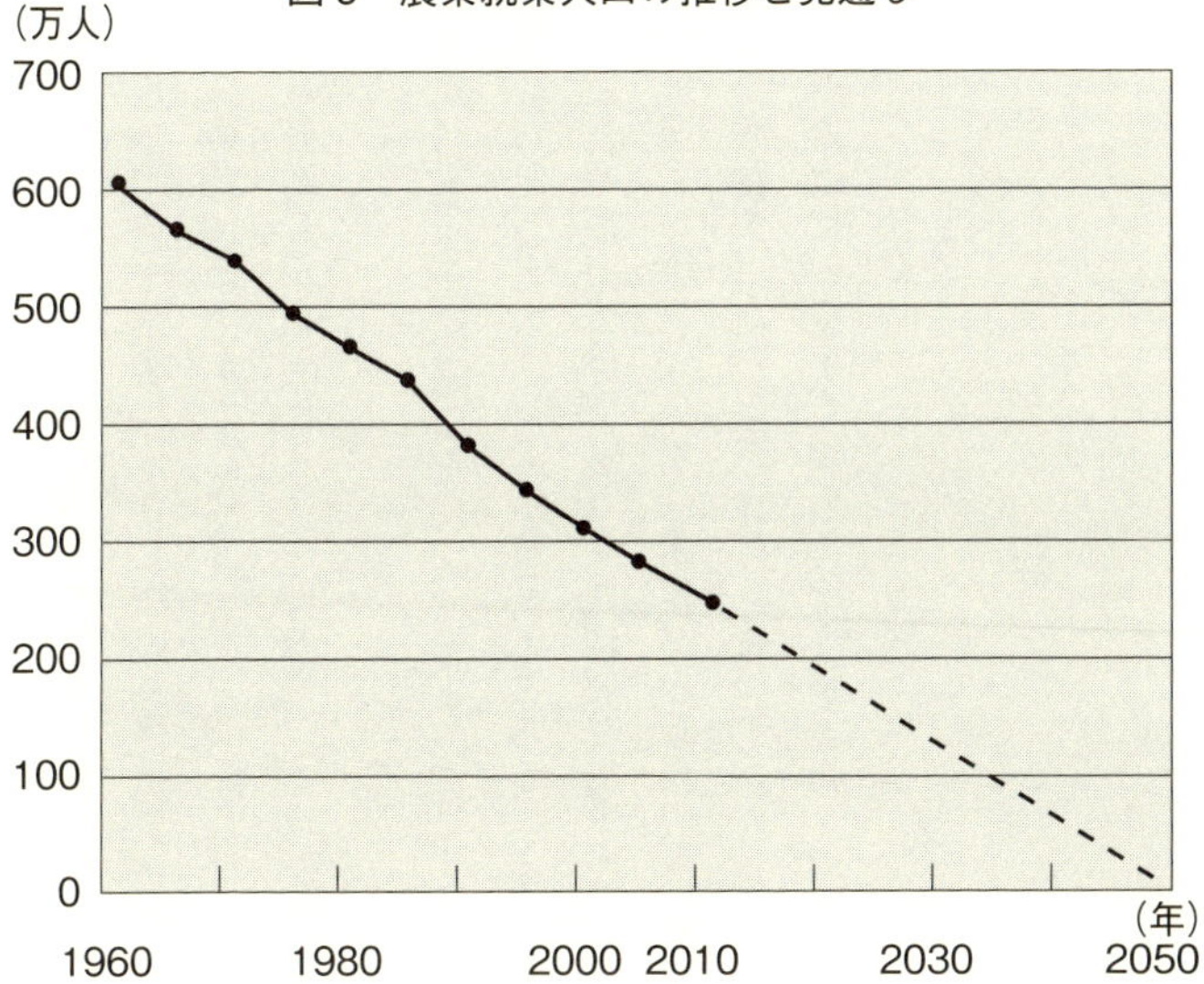

（出典）http://www2.ttcn.ne.jp/honkawa/0520.html を参考に作成。

①石油価格と、石油に依存した化学肥料や資材の価格が高騰するため、化学肥料、農薬、機械・施設を使った通常の栽培（慣行栽培）の農産物価格も高騰する。農産物は需要の価格弾力性*が小さいので、石油以上に高騰する可能性がある。

②輸入されている食料・飼料、たとえばコムギ、トウモロコシ、ダイズなどの価格が高騰する。それだけでなく、長距離輸送が割に合わなくなるので生産国の近くで消費され、日本への輸出が減る。

③石油不足がより深刻になり、配給制などで十分な量の石油を手に入れられなくなると、化学肥料、農薬、農業資材、燃料を十分使用できず、慣行栽培

の生産量が減少する。
④国内の長距離輸送も困難になり、東京のようなメガシティでは食料供給が不足する。
⑤化学肥料や農薬に依存しない有機農業技術が現在、開発されている。ただし、習得している農業者はわずか(1%未満)で、前述した変化が急速に起きた場合には間に合わない。そもそも農業者が高齢化しているので、これから有機農業技術を習得するのはむずかしいかもしれない。
⑥食料不足が深刻になれば、誰もが耕さないと食べられない事態さえ想定される。ところが、ほとんどの人は有機農業どころか、植物も家畜も育てたことがない。農地はこれまで化学肥料や農薬漬けであり、耕作放棄地となった農地も多い。何も準備ができないままに事態が進展した場合、日本は未曾有の食料危機を迎えるかもしれない。
食料危機が来たとき、食料を確保するもっとも確実な方法は自ら育てることである。そのための準備は、いますぐ始めたほうがよい。エネルギーも含めてだ。

第Ⅱ部

21世紀の持続可能な生き方

1　人を幸福で健康にし、社会を持続的にするための理念

石油の不足や気候変動は外部要因だ。より重要なのは、人を幸福で健康にし、そして社会を持続的にする行動である。そのためには13ページで述べた4点が基本になる。とても重要なポイントなので、あえて再掲しよう。

①足るを知り、不便さを引き受ける。
②農林水産業を基盤に、自然に寄り添って生きる。
③大自然の脅威の前では、人は微力な存在である。一人では生きていけないから、地域共同体の中で暮らす知恵を身につける。
④長期的な視点をもって、自発的・内発的に行動する。

足るを知ることは、有限な地球で人間が生態系の一員として生きるために、もっとも大切な理念である。物質的な豊かさや利便性は、幸福や健康とほとんど関係がない。それに気づき、右肩上がりの成長にしがみつくことをやめ、収入減や不便さを受け入れよう。そこから、すべてが始まる。

石油などの再生できない地下資源に頼らず、自然に寄り添って生きようとすれば、当然なが

ら、農業、林業、水産業（第一次産業）が中心となる。農業は本来、有機農業に象徴されるような、地下資源に依存せず、地域資源で食料を生産する方法である。里山は、燃料や建築材、下草、落ち葉のために利用する。水産業は、沿岸漁業（貝や海草の養殖を含む）が中心となる。自ら植物を育て、家畜を飼って、魚や貝を獲り、加工・貯蔵し、調理して食べる。自産自消ならば、輸送のためのエネルギーはほとんど必要ない。

　東日本大震災でわかったように、大自然の猛威の前にはなす術がない。人は自然のもとで微力な存在である。また、一人で生きていくことはできないから、家族、友人、共同体の一員として暮らす知恵を身につける。一人や家族で自給できない部分は、地域で自給する。繰り返しになるが、食料だけでなく、エネルギーや水もだ。地域自給（自給したものの交換）によってお金のやりとりが生まれ、地域経済が再生する。

　ピークオイルも、食料危機も、何の準備もないまま受動的に起こったとしたら、社会は大混乱（カタストロフィ）に陥るだろう。気候変動を少しでも緩和するためにも、まずは一人ひとりが、誰かから強制されるのではなく、自らの判断で積極的な行動を起こすことが、カタストロフィを回避してソフトランディングにつながる。

2　有機農業の原理——健康な土、健康な作物、健康な家畜

すべての生きものは、植物が光合成で生産した有機物に依存して生きている。光合成の過程で、酸素と水蒸気を含んだ清浄な空気が供給される。

光合成には、太陽光と二酸化炭素に加えて水が必要である。水は土壌に蓄えられるので、土壌が必要である。排水性と保水性ともによく、生きものに満ちあふれた土壌は、「生きている」と形容するのがふさわしい。土壌に棲むさまざまな微生物や小動物は、餌となる有機物が必要である。圃場内で植物を育てて有機物を生産するか、地域で生産された有機物を投入して微生物や小動物に餌を与えると、土壌の排水性と保水性が改善される。植物が根を張ることによっても有機物が供給されて、土壌を改良する。

有機農業を始めて5〜10年で土壌が肥沃になり、安定した圃場生態系が形成される。このような状態に到達すると、①有機農業に適した種苗を使い、②病気や害虫の被害が出にくい時期(旬)に栽培すれば、③多くの堆肥や有機物を圃場外から投入することなしに、作物の有機栽培が可能になる。それが、農家の言葉でいう「つくりやすい」状態である。健康な作物を「つくりやすい」状態に到達することが、有機農業の目標となる。

また、有機農業に適した種苗とは、①毎年継続して種を採ることができ（固定種であってF1*でない）、②風土に適応して育てやすく、③味がよく、④病気や害虫に強い品種を指す。

家畜の役割は、①人が食べられない草や残渣、生ごみを活用して肉、乳製品、革などを生産する、②土つくりに必要な糞尿を供給する、③将来、石油が大幅に不足したら役畜として働く、ことにある。人が食べられる穀物は家畜にとって高栄養であり、人が直接食べるのが原則だ。家畜の健康のためには、低栄養の草や残渣を中心に与え、運動が可能なスペースを与えることが大切である。

なお、こうした原理原則を維持しながら、作物、家畜、自然をよく観察して、日々の農作業をどう行い、毎年の計画をどう立てるか、自然条件に合わせた柔軟な対応が肝要である。「一切耕さない主義」や「一切投入しない主義」は、人間中心の考えであり、原理主義の域を出ていない。自然には逆らえないことを十分自覚しながら、ひもじい思いをしないで生きるために安定して豊かな恵みを自然からいただくと考えよう。

3　米麦、ダイズ、いも類、雑穀、木の実の自給

人が飢えることなく生存し続けるには、カロリー源としてのデンプンと脂質および体を構成するタンパク質の確保がもっとも重要である。以下では、これらを豊富に含む食料を栽培する方策——米麦、ダイズ、いも類、雑穀、木の実の有機栽培、家畜や魚の飼養(原則無投薬)——について具体例を紹介する。なお、野菜を育てる家庭菜園は入り口としてはよいが、カロリーやタンパク質の供給にはならないので、本書ではふれない。多くの本が容易に手に入るので、参考にしてほしい(1)。

水田におけるイネの一毛作と畦豆の栽培

水田には、①灌漑水から養分が供給される、②水を張って畑の雑草を抑える、③土壌の酸素が少ないので土壌有機物の分解が遅い、などのメリットがある。しかも、イネを毎年作り続けても、土壌に特定の病気や害虫が発生しない(連作障害*が起こらない)。水田はすばらしい食料生産方式である。

①耕さず、代かき*もせず、イネをつくる

１００kgの玄米を確保するには、１㎡あたり収量が０・４kgとすると、２５０㎡（２・５a）が必要である。著者がこれまで有機水稲栽培の現場をまわってきた経験では、雑草を抑制できれば、１㎡あたり０・４kgの収量をあげることは十分可能であった。家族４人がそれぞれ１００kg食べるとすると、１０００㎡（10a）あればよいことになる。現在の基盤整備された水田（平均30a区画）ならば、12人分（３家族分）を生産できる。

最初は、種籾《たねもみ》*を信頼できる農家から分けてもらう。10aであれば３〜４kgを用意する。塩水あるいは泥水に浸けたときに浮かばない、充実がよい種子を選別する。卵が横向きになる比重１・15を選別の基準にすると、多くの籾が浮いてしまい、もったいない気がするが、その分充実した種が選抜できる。唐箕《とうみ》*があれば、風選でもよい（70・73ページ参照）。

温湯消毒は60℃10分、58℃15分などで行う。温度の誤差は１℃以内にする必要があり、そのためには専用の温湯消毒器[2]か、サーモスタット・循環式水槽・投げ込み式ヒーターなどで自作する。家庭の風呂による温湯消毒は、誤差１℃以内で60℃や58℃にできるようには設計されていないので、勧められない。

選別した種籾は、流水にかけ流すか、溜め置きの水に浸けて、吸水させる。貯め置きの水の場合には、原則として毎日水を交換して、酸素不足とならないように注意する。胚*がふくれてきたら、種播きする。水温によって異なるが、膨れてくるまでに20〜40日かかる。

写真1　畦塗りの手順

野菜のセル苗ケース*を使うと、手で植えるのに十分大きく充実した苗が得られる。セル苗ケースにふるった水田の土をつめ、種子を2～3粒播いて5㎜～1㎝覆土する。覆土は籾殻燻炭《くんたん》*でもよい。播種後は苗代に並べ、関東以北では寒さよけにべたがけ資材*をかけて保温する。

田植えは6月上旬～7月上旬（昔の田植え時期）を基準に行う。代かきより前に畦《あぜ》塗《ぬ》り*をして、畦から水が漏れるのを防ぐ。畦塗りは以下の手順で行う（写真1）。

①畦の一部を鍬で崩し、水を入れたら、足で踏んで、よく練る（A）。

②練った土を鍬で、畦の残り（崩していない部分）に対して縦に押しつける（B）。

③その上に、横向きに塗って（C）、完成（D）。

写真２　除草したにもかかわらず、イネの間にびっしりと生えたコナギ

　除草剤を使わないと、草（一般に雑草と呼ばれる）が生え、イネの生育を妨げて、収量を下げる。なかでも草丈が低くて除草しにくいコナギは、イネの生育を妨げる度合いが高い（写真２）。コナギは田植え後に芽を出して、秋に種子を実らせる一年生雑草で、除草が遅れたり、対応を誤ると１㎡あたり10万粒を越える種を撒き散らすほど、繁殖力が強い。水草のホテイアオイと同じ仲間（ミズアオイ科）で、見た目もよく似ている。

　コナギは代かきが行われると発生が始まるとされているので、耕さずに苗を移植（田植え）する不耕起栽培で抑えるのがよい。水を田に入れてから田植えまでに２週間～１カ月おいて、土を軟らかくしてから田植えする。

　苗を30㎝×30㎝の間隔で植える（尺角植え）と、10ａで１万２０００本の苗が必要である。30㎝×20㎝の間隔であれば、１万７０００本必要となる。密植にすると、収量は増えるかもしれないし、雑草との競争力が高まるが、多くの苗を用意しなければならない。

図10　手植えに使う道具

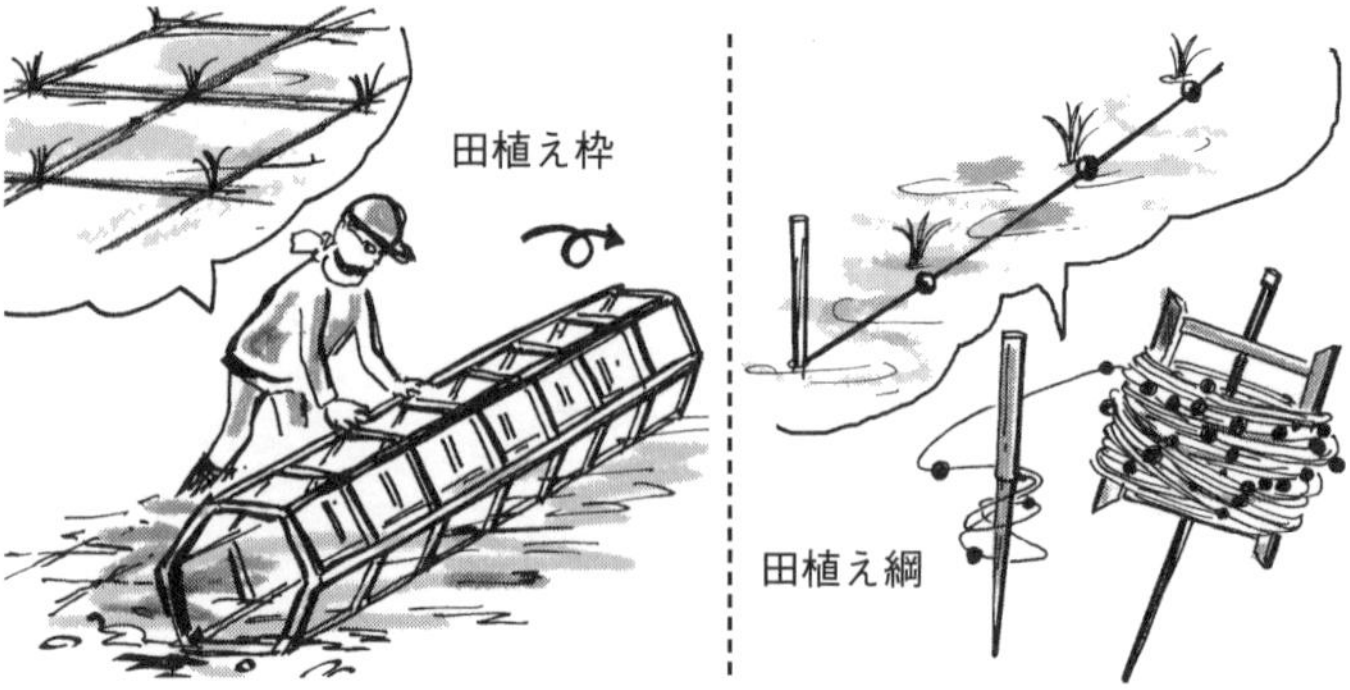

田植えの際には、目印が必要になる。田植え枠では、目印が消えないように、直前に落水して目印をつける。田植え綱は、落水の必要もなく、多人数の田植えに適しているが、綱を移動する両端の人は忙しい（図10）。目印には、コンクリートの基礎に使うワイヤーメッシュ（たとえば、大きさ1m×2m、メッシュ10cm×10cm）を使ってもよい。

　不耕起栽培では、セリ*、マツバイ*、カヤ*などの多年生雑草*が発生するので、田植え前にも田植え後にも、鎌で刈るか、地下茎*ごと引っこ抜く。地下茎は、畦にあげれば活着しない。その後は、収穫まで水管理と雑草管理に気を配る。水が豊富ならば、田植え後徐々に水深を15cmまで深くして雑草を抑えたい。不耕起では雑草が多すぎる場合や土が硬くなって植えにくい場合は、秋や春に耕起して、畑状態でよく砕土してから、代かきを行わずに水を入れ、田植えする（無代かき栽培という）。

　収穫後は稲架《はざ》に掛けて自然（天日）乾燥させ（図11）、晴天が続いたときに脱穀して、保管する。また、病害が発生せ

図11　稲の稲架掛け

（注）地方によって①～③の掛け方がみられる。③は場所を節約するのによい。②は杭掛けとも呼ばれる。

ず、生育のよいイネを別に刈って、種籾として保管する。

この栽培法は、ムギ類やナタネなどの冬作に適さない排水の悪い水田（湿田*）に適している。代かきをしないから水の浸透がよく、用水量*が多くなるので、灌漑水量が豊富な地帯で行うのが望ましい。太平洋側では冬から春にかけて天気がよいので、雑草を生やして緑肥とする。

なお、表2（50ページ）には無代かき栽培の作業の流れを示した。不耕起の場合は、耕起作業を省略する分、田植え前と田植え後の除草作業が多くなる。

表2　無代かき栽培の作業の流れ(東北・関東地方の場合)

時期	作業
3月	苗代の準備
4月	種播き・育苗開始 堆肥の散布・鋤き込み しばらく土を乾かす
5月	土を細かく砕く
6月	水を入れて畦塗り 水を溜めて、田植え(~7月上旬) 雑草の発生に応じて、2~5回、手取り除草 水が豊富な場合、徐々に水深を深くする
7月	徐々に水深を浅くする 必要に応じて、畦の草刈り
8月	水がなくなったら継ぎ足す(間断灌漑)
9月	落水して、稲刈りに備える
10月	稲刈りして、稲架掛け 籾の水分が20%を切ったら脱穀 籾の状態で保管(できれば土蔵に入れる) わらは雨をよけて保管
11~12月	耕起

(注1) 不耕起の場合は耕起作業を省略して、その分生えた雑草を手刈りや抜くことで除去する。

(注2) 籾の水分を測るときはデジタル水分計(たとえば http://www.kett.co.jp/products/c_2/25.html)を使う。

②耕作放棄地を開墾して、機械をほとんど使わずに不耕起でイネをつくった事例

最近、各地で耕作放棄地が増えている。

写真3は福島県喜多方市のケースである。10年間にわたって耕作されていなかった荒れ地1・5a(A)を刈り払い機*と鎌で刈り払い、のこぎりでヤナギ*の木を地面すれすれで切り倒して(B)、2日間水を溜めた。そして、カヤやヤナギの残渣を分けて6月中旬に定植(C)。イネとともに、多年生雑草(おもにカヤ)も繁茂した(D)。その後雑草を鎌で3回刈り払いし、10

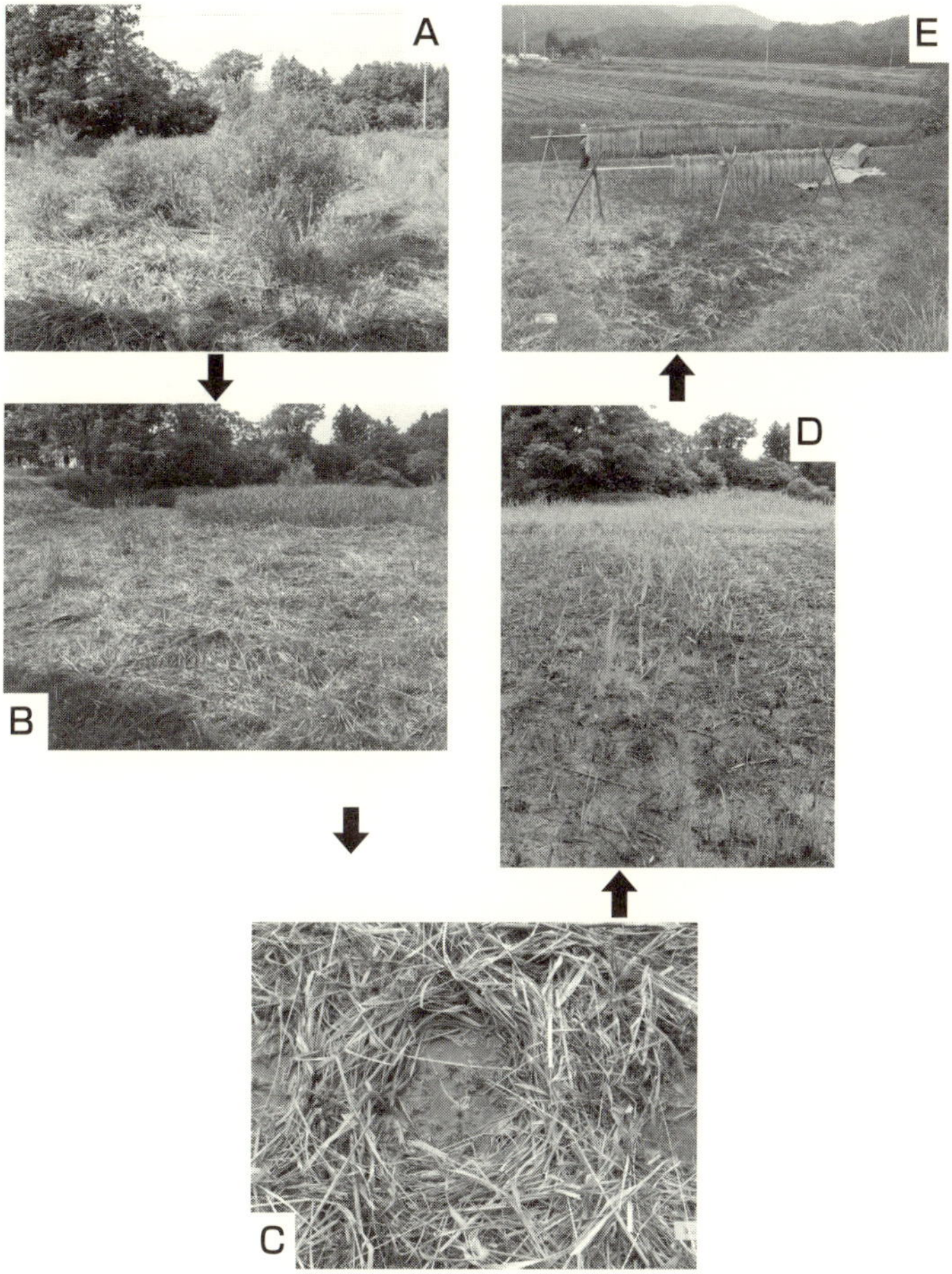

写真３　耕作放棄地を開墾した不耕起のイネ栽培
（写真提供：嶋村俊光氏）

月初旬に稲刈り後、稲架掛けする（E）。10月24日に足踏み脱穀機（69・72ページ参照）で脱穀し、籾すりは、地主さんの籾すり機で行ってもらった。

一連の作業では、石油を燃料とする農業機械は、刈り払い機と籾すり機を除いて使っていない。収穫できた玄米は48kg。反収（10aあたり収量）にして約320kg（5俵強）である。

写真4　畦に育てたダイズ

③畦に豆を播く

田植えが終わったら、6月中旬〜7月上旬に、畦に50〜60cm間隔で深さ3cmの穴を棒で開けて、ダイズやアズキを2〜3粒播種する。草が生えている場合は、覆土は必要ない。畦塗りから間もなくで、畦草があまり生えていない場合には、刈った草で植え穴を覆い、鳥（とくにハト）に見つからないように注意する。また、出芽から1カ月間は、雑草に負けないように草刈りする。

出芽数が3個体以上であれば、出芽15〜20日の間に2個体に間引く。畦はダイズやアズキにとって適した生育環境（水と酸素が潤沢に供給される）なので（写真4）、あとは収穫を待つだけ。収穫後は、稲架か「にお」*で干す。量が少ないときは、むしろに広げて、さやがはじけ始める直前まで天日乾燥する[3](図12)。

脱粒*には、さやを1つずつ手で採る方法(少量の場合)、足踏み脱穀機を使う方法、写真5のようにドラム缶を使う方法などがある。足踏み脱穀機の場合は、さやが粉々になって飛び散る。ドラム缶を使う場合は、能率こそ足踏み脱穀機に劣るが、さやが粉々にならず、マメの飛

図12　大豆の稲架掛け

写真5　ドラム缶を使った脱粒

び散りが少ないので、お勧めである。

水田でイネ、ダイズ、オオムギを輪作する

北関東地方以南の乾田地帯*（典型的には関東ローム層*）では、水田の排水がよいので、夏にイネやダイズ、冬にムギ類を育てられる（表3）。イネ単独の栽培（一毛作）との大きな違いは、代かきをして、イネの栽培期間中に水が溜まるようにすることである。関東ローム層のような乾田は減水深*が大きくて、水稲の不耕起栽培には適さないからである。

イネの収穫後、降った雨がすぐに排水されて発芽と生育を阻害しないように、表面に排水溝を切ってからオオムギ*かコムギを播種する。12～1月の寒い時期に、麦踏みをして、霜柱でムギの根が切れないようにする。3月にはムギ類の株*と株の間に土を入れて、実をつけない無効な分げつ*を生む過剰な生育を抑える。

オオムギは6月上旬、コムギは6月中旬に収穫する。オオムギの収穫は通常梅雨前なので、稲架で天日乾燥できる。コムギは梅雨の最中になるので、雨よけハウス*などの雨に当たらないところで乾燥するのが望ましい。

田植えが終わったら、6月下旬～7月上旬にダイズを播種する。ダイズが2～3葉期に1回、3～4葉期にさらにもう1回中耕・培土*して、芽が出てきた畑雑草を埋めてしまう。培土

表3　イネ－オオムギ－ダイズの2年3作（水田輪作）の作業の流れ（北関東地方の場合）

時期	3月	4月	6月	7月	8月	9月	10月	12月
作業	苗代の準備	イネの種播き・育苗開始 堆肥の散布・鋤き込み しばらく土を乾かす	水を入れて畦塗り 水を溜めて、代かき 田植え 雑草の発生に応じて、2～3回、手取り除草 水が豊富な場合、徐々に水深を深くする	徐々に水深を浅くする 必要に応じて、畦の草刈り	水がなくなったら継ぎ足す（間断灌漑）	落水して、稲刈りに備える	稲刈りして、別の場所に稲架掛け 籾の水分が20％を切ったら脱穀 堆肥があれば散布 耕起し、土を細かく砕く	オオムギの種播き
	←	イネ				→	←	

時期	12月～1月	3月	6月	7月	8月	9月	11月
作業	麦踏み	土入れ	オオムギの収穫 耕起 土を細かく砕く ダイズの種播き（～7月上旬）	中耕・培土	中耕・培土	大きな草を抜く	ダイズの収穫 天日乾燥 脱粒して保存
	オオムギ	→	←	ダイズ			→

にはダイズの倒伏*防止効果もある。

ダイズは11月下旬～12月上旬に収穫する。乾燥と脱粒は畦に播く場合と同様に行う。

水田におけるイネ、ダイズ、麦類の輪作は、水田のもつ地力を活用できる。また、酸素が少ない湛水状態と酸素が多い畑状態が繰り返されるため、適応できる雑草が少ないので、雑草の発生を抑えやすい。2年間で10aあたり合計1トン近く収穫できる(栃木県大田原市の事例)、きわめて優れた生産体系である。オオムギは押し麦、ビールや水飴のための麦芽、味噌の原料が主要な用途である。オオムギと米を混ぜる麦ご飯の復活に加えて、新たな用途開発が水田におけるオオムギ栽培の促進に必要となる。

そのほか、ナタネ、ソバ、ヒマワリ、サトイモなどを組み入れた水田輪作の有機栽培は、大きな可能性を秘めている。

有機農業の畑作

①畑作の原理

水利が悪い畑作では、水田の恩恵(44ページ①～③参照)を受けられない。また、畑では硝酸態窒素などの無機養分が雨とともに流れ、さらに強い風や大雨とともに土が流れる(土壌浸食)と、養分と土が一緒に失われる。水が足りなくて水田にできないところでは、畑作、放牧、後

図13　東北地方におけるダイズ→コムギ間作の例

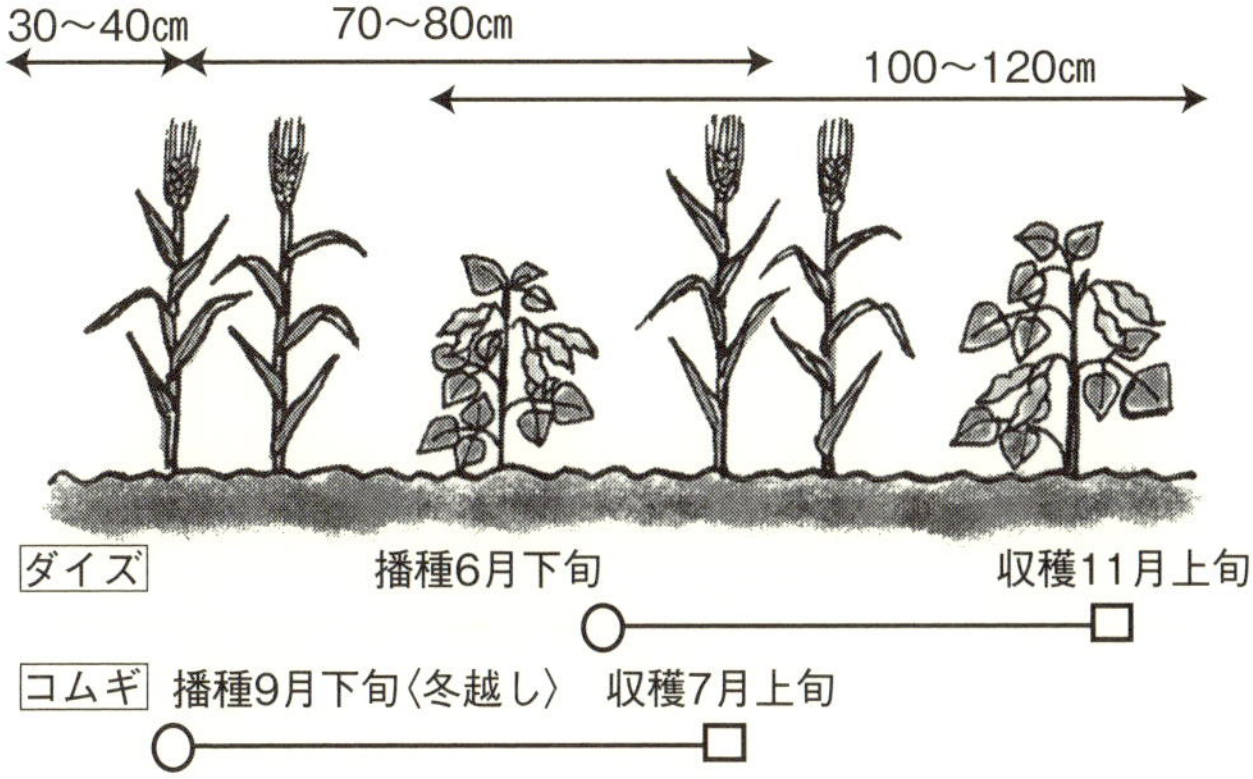

述する立体農業のいずれかで食料生産を行うか、里山として利用しよう。

畑作では、圃場内の有機物活用、地域の有機物活用による地力の維持・向上が重要な鍵である。なお、地域の有機物活用については、89～97ページで述べる。

畑作では、土壌病害や線虫による被害が発生する場合がある。通常は、同じ作物を連作するのではなく、いろいろな作物を同じ圃場に作付けする、輪作を行う。基本は、オオムギかコムギ→ダイズ（二毛作）、ジャガイモかサツマイモ→オオムギかコムギ→ダイズ（2年3作）となる。ここに雑穀を取り入れると、さまざまな組み合わせが可能となる。

関東地方では、コムギを11月下旬に播種して6月中旬に収穫し、ダイズを7月初めに播種して11月初旬に収穫する、通常の二毛作が可能である。一方、東北地方では、コムギの収穫期とダイズの播種期、ダイズの収穫期とコムギの播種期が重なるので、二毛作をするには間作*を行う必要がある（図13）。なお、オオムギはコムギより生育期間が7～10日短いので、輪作の点からは組み込みやすい（55ページ表3）。

②ジャガイモ、サツマイモの栽培

ジャガイモはナス科に属し、冷涼な気候とpH6のやや酸性土壌に適している。芽が出たイモを大きさに応じて2～4つに切り、種イモとして使う。

3～4月に、条間70㎝、株間30㎝で、種イモの切り口を下にして植える。土が肥えていれば、無肥料でかまわない。耕起栽培の場合は、途中で条間の除草*を兼ねて土寄せ*を行う。6～8月に収穫後、天日干しして、傷のついていないものを冷暗所に保存する。2～3カ月に1回、芽かきをする。

サツマイモはヒルガオ科に属し、土が肥えすぎていると、茎と葉ばかりが繁茂してイモが太らない「ツルぼけ」を起こす。そこで、温暖な地域ではムギ類を収穫したあとに、温暖でない地域ではムギ類の間作として、無肥料で育てる。ムギ類が土壌養分を吸収することで、ツルぼけを防ぐ。また、カリウム*（K）を必要とするので、灰を施用するとよい。

5～6月に、用意した苗を条間80～90㎝、株間*30㎝に定植し、9～10月に収穫する。サツマイモのツルは家畜のよい餌になる。コムギとダイズのように、ムギ類とサツマイモを間作すると、刈り取り前のムギ類が定植したばかりのサツマイモの風よけになるうえに、ムギ刈り後の

図14　温床を使ったサツマイモの育苗法

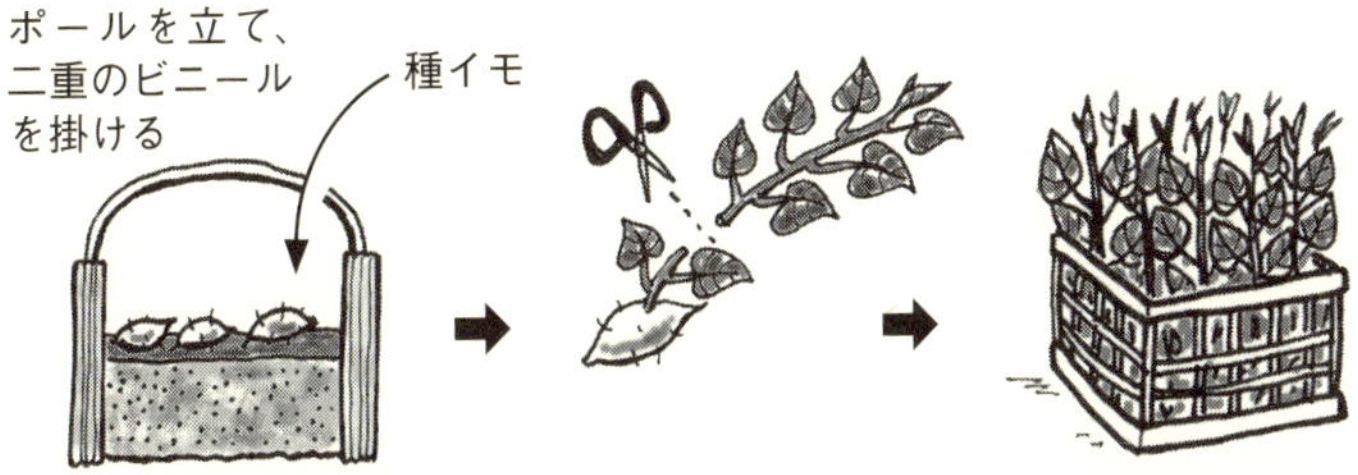

わらをサツマイモの条間の草を抑えるために利用できる。

育苗にあたっては、踏み込み温床（96〜97ページ参照）の上に土を10〜15cm敷き、両端を切って芽が出すぎないようにした種イモ*を土が完全にかぶらない程度に埋め、籾殻燻炭で覆土した後、わらとビニールで保温する。芽が出たら、わらとビニールを除去し、代わりに二重トンネルで保温する。葉が8〜9枚になったら、1〜2節を残して芽を切り、苗として使う。定植前に、日陰で3〜7日水をかけて、発根を促すとよい（図14）。

図15　サツマイモの貯蔵庫

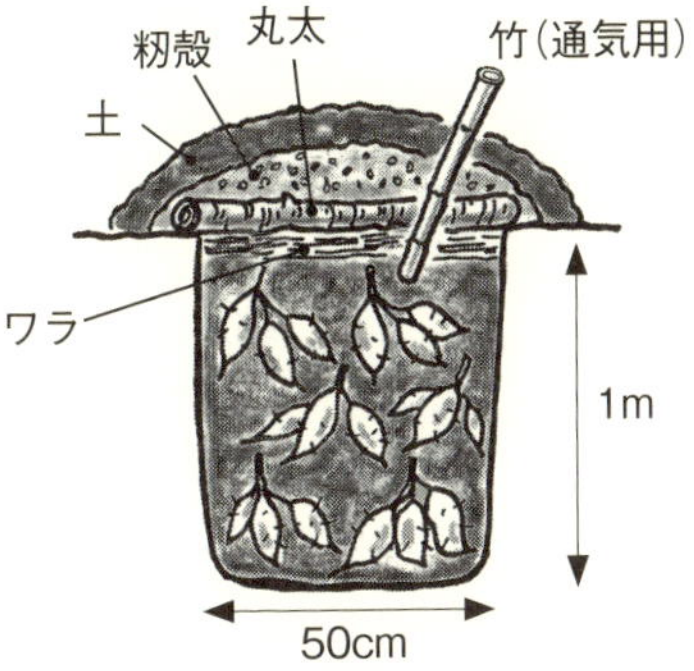

サツマイモの貯蔵適温は13℃で、長期間10℃以下にならないように、地下に専用の貯蔵場所を設けるとよい（図15）。深さ1mほどの穴を掘り、ばらばらにせず、株ごと入れる。わらを薄く敷き、丸太などを渡した上に、断熱材として籾殻を入れ、最後に土をかける。内部が酸素不足

となならないように、通気用の竹を差そう。この方法はショウガにも使える。なお、15℃より高いと、根や芽が出てしまう。

③雑穀の栽培(4)

雑穀は、イネやムギ類よりも小さな子実を付ける作物の総称で、ソバ、ヒエ(栽培種)、キビ、アワ、モロコシ、ゴマ、エゴマなどを指す。1960年ごろまでは全国各地で栽培されていた。イネやムギ類より収量は低いが、イネが育ちにくい乾燥した条件や冷涼な夏でも収穫を得られる。とくに、イネの収穫が少ない凶作年に、救荒作物として人びとの命を救ってきた。また、ミネラルや食物繊維に富み、ソバを除き食品アレルギーになりにくく(5)、抗酸化作用*を有する。

栽培には、各地の在来品種が適している。唐箕で風選を行い、わら、くず、土などをていねいに選別した種子を用いる。生育初期の除草と収穫前の鳥対策をクリアすれば、有機栽培で作りやすい。生育初期に株間の雑草を手取りするか、手で移植しやすいように15㎝くらいまで育苗して雑草を防ぐ。雑穀はスズメやヒワの大好物である。小面積であれば、防鳥網をかけるのが確実な対策だ。それ以外にはマネキンのかかしがよいが、場所を頻繁に変えて慣れを防ぐ必要がある。市販の各種鳥よけも、1週間までなら効果を期待できる。

イネの籾すりにあたる脱稃《だっぷ》には、小型籾すり機を使うと効率がよい。混入している砂利を除くためには、水を使って砂利を落として雑穀だけ手早く回収し、天日乾燥する。精白は家庭用

図16　ソバの実

若い葉は、おひたしとして食べられる

精米器(玄米用)で様子を見ながら行い、篩《ふるい》にかける。製粉は少量ならば、フライパンで煎ってから製粉機やミキサーにかける。

従来は、ウルチ品種をお米と混ぜて雑穀ご飯としたり、モチ品種を粉にして、団子、菓子、モチなどの原料にした。現在では、さまざまな雑穀の食べ方がインターネットなどで公開されている。

以下、作物ごとに特徴を簡単に述べる。

(a)ソバ(タデ科、図16)

やや湿った土壌を好むので、水田に適している。生育期間が60~90日と最短で、夏に収穫する夏ソバと秋に収穫する秋ソバの2つの作型がある。播種は、1㎡あたり5~10gをばら播きにする。雑草を抑制する能力があるので、雑草はあまり問題とならない。鳥の害もほとんどない。ただし、収量は1㎡あたり100g以下である。

(b)ヒエ(イネ科)

栽培ヒエで、雑草のヒエとは異なる。寒さに強く、高冷地や山間地などで広く栽培されてきた。生育日数は北海道・東北で120~130日(5月播種、9月収穫)、西日本で140〜150日（5〜6月播種、10〜11月収穫）である。播種は、1㎡あたり0・3〜0・7gを筋播きする。わらが家畜の餌になる柔らかい品種が多い。倒伏すると収穫の能率が悪く、雨が降ると圃場もなかなか乾かないので、倒伏しないように土寄せする。なお、イネ用の育苗箱に育苗して、代かきした水田に定植することもできる。収量は1㎡あたり100〜200gである。

(c)キビ（イネ科）

生育期間が70〜110日と短く、輪作体系に組み入れやすい。干ばつにも強い。キビ団子のように、モチ性品種が重宝されてきた。播種は、北海道や東北では1㎡あたり1〜2g、暖地では0・6〜0・7gを筋播きする。収量は1㎡あたり100〜130gである。

(d)アワ（イネ科）

生育期間が90〜130日と短い。乾燥に強く、高冷地でも栽培可能だが、収穫前の早霜に注意する。5〜6月に種を播いて9〜10月に収穫する作型が多い。播種は、1㎡あたり0・6〜0・7gを筋播きする。米に混ぜて炊く場合にはウルチ性品種、団子、モチ、菓子にはモチ性品種が適する。収量は1㎡あたり100〜150gである。

(e)モロコシ〈別名タカキビ、ソルガム、コウリャン〉（イネ科）

吸肥力が強く、干ばつにも強い。播種は、1㎡あたり1〜3gを筋播きする。生育期間は120〜150日である。穂を刈って収穫し、天日干しする。収量は1㎡あたり120〜160

表4　おもな雑穀の栄養価

種　　類	水分（%）	カロリー（kcal/100g）	炭水化物（%）	脂質（%）	タンパク質（%）
ソバ（全層粉）	13.5	361	69.6	3.1	12.0
ヒエ（精白）	13.1	367	72.4	3.7	9.7
キビ（精白）	14.0	356	73.1	1.7	10.6
アワ（精白）	12.5	364	73.1	2.7	10.5
モロコシ（精白）	12.5	364	74.1	2.6	9.5
ゴマ	4.7	578	18.4	51.9	19.8
エゴマ	5.6	544	29.4	43.4	17.7
玄米（参考）	15.5	350	73.8	2.7	6.8

（注）玄米は通常の乾燥・保存状態の場合。

gである。

（f）ゴマ（ゴマ科）

高温と干ばつに強く、生育期間は90～120日と短い。抗酸化物質を多く含む。脱粒が激しいので、朝露のある時間帯や曇りの日に手刈りすると、脱粒による収穫ロスを少なくできる。雨よけハウスや軒下で自然乾燥する。

（g）エゴマ（シソ科）

α-リノレン酸*を多く含む。やや湿った土地を好み、中山間地や高冷地にも適する。生育期間は130～140日である。ゴマと同じく脱粒が激しいので、朝露のある時間帯や曇りの日に手刈りし、雨よけハウスや軒下で自然乾燥する。

玄米は100gあたり350キロカロリーであるのに対して、ゴマやエゴマは脂質が多いのでカロリーが高い（544～578キロカロリー）。そのほかの雑穀は、玄米とほぼ同じだ。また、玄米のタンパク質が6・8%であるのに対して、雑穀は9・5～19・8%とタンパク質に富む（表

4)。さらに、キビを除いて、雑穀のミネラルは1・1〜5・2%と玄米の1・2%と同じかそれ以上で、優れた食べものである。(6)

日本に適した立体農業

立体農業とは、樹木(木本作物)を植え、その樹間で家畜や農作物を飼育・栽培する農林業である。傾斜地が多く、経営面積が小さい日本において、里山を食料生産と用材生産の双方に使う方策として提案された。アグロフォレストリー(agroforestry)とほぼ同義と考えてよい。

樹木は、食べられる実がなる種類を植える。木本作物は草本作物(一年生が多い)より根張りが深く、やせた土地や干ばつの年でも実りをもたらす。耕す必要がないので傾斜地に向いているが、街路樹として、あるいは堤防でも栽培できる。以前は庭先にも植えていた。

樹種は、クリ、*カキ、ウメ、クルミ、*オニグ

図17　オニグルミ

実は薄緑の果皮に包まれている。木から落下すると、果皮はむけて、固い殻(内果皮)が現れる。これをハンマーなどで割って中の部分(種子)を食べる。

表5 おもな木の実の栄養価

種　　類	水分（%）	カロリー（kcal/100g）	炭水化物（%）	脂質（%）	タンパク質（%）
アーモンド*	4.6	598	19.7	54.2	18.6
イチョウ	53.6	187	38.5	1.7	4.7
クリ	58.8	164	36.9	0.5	2.8
クルミ*	3.1	674	11.7	68.8	14.6
栃の実	58.0	161	34.2	1.9	1.7
ヘーゼルナッツ*	1.0	684	13.9	69.3	13.6
ペカン*	1.9	702	13.3	73.4	9.6
松の実	2.5	669	10.6	68.2	15.8

（注）＊は乾燥または油で揚げた値。

ルミ（図17）、ペカン*、ギンナン、ナツメ、サトウカエデ、アーモンド、オリーブ、クワ、ドングリを付けるブナ科*類、食用の松の実を付けるマツ属の木など[7]。アーモンド、クルミ、ヘーゼルナッツ、ペカン、松の実は、100gあたり598～702キロカロリーとカロリーが高い（表5）。桑の葉は、家畜の飼料や茶葉の代用品としても活用できる。アーモンド、クルミ、ヘーゼルナッツ、ペカン、松の実の脂質は54・2～73・4％、タンパク質は9・6～18・6％で、玄米の脂質2・7％、タンパク質6・8％よりはるかに高い。

樹木の下には、緑陰を好むミツバ、フキ、ミョウガなどを育てる。木本作物の葉が落ちている冬から早春は、日当たりのよいところを好む秋播き春採り野菜のほとんどを栽培できる。また、下草を家畜の飼料にできる。

焼き畑で雑穀や豆をつくる

かつての日本では、先祖からの土地を引き継ぐ長男以外や、農地が限られていて食料が足りない場合は、各地で里山を食料生産の場にした。それが焼き畑である。

焼き畑では、生えているミズナラ[*]、コナラ[*]、クヌギ[*]などを切って薪や炭などに利用するほか、草を刈って天日で乾燥させてから、火をつけて燃やし、その跡にソバなどの雑穀やアズキを育てた。ソバを夏に播くと、秋に収穫できる。アズキの場合は、春に播き、夏に除草を丹念に行い、秋に収穫する。地方によっては、ソバ以外の雑穀も育てた[8]。火の使い方は、地元の経験者に習うなど、火事を絶対起こさないように注意しよう。

長ければ4～6年間、焼き畑を行い、跡を自然に任せると、最初はさまざまな低木が生え、20～30年後には再び薪や炭として利用する高木を伐採できる。なお、食料生産以外にカヤや牧草など草の生産を目的にした焼き畑もある。

土蔵で食料を備蓄する

地球の気候変動による干ばつや熱波などで大凶作になったり、農地が大洪水や超大型台風な

写真６　漆喰《しっくい》*の土蔵

どで壊滅するリスクは、これから決してゼロではない。食料の備蓄は、きわめて重要なリスク対策となる。土蔵は温度の変化が少なく、耐火性に優れ、電気がなくても大切な食料や種子を保存できる。建築コストはかかるが、エネルギーのいらないリスク対策として、土蔵を見直したい（写真６）。

貯蔵形態は、お米の場合は籾が最適で、次が玄米である。精米すると、酸素がある状態では酸化するので、長期保存は勧められない。貯蔵に適した水分は、籾で15％以下、玄米で14％、オオムギ・コムギ・ダイズで11～12％である。貯蔵水分が高いと、カビや害虫の発生につながる。

土蔵で適切な水分で保存された籾や脱稃してない雑穀は、３年間は十分に食用にできる。乾麺や豆類も長期保存できるし、ク

表6　おもな乾燥食品の栄養価

種　　類	水分（％）	カロリー（kcal/100g）	炭水化物（％）	脂質（％）	タンパク質（％）
車麩	11.4	387	54.2	3.4	30.2
凍み豆腐	8.1	529	5.7	33.2	49.4
干しいも	22.2	303	71.9	0.6	3.1
干し柿	24.0	276	71.3	1.7	1.5

ルミ、ペカン、アーモンド、ヘーゼルナッツも殻付きであれば同様だ。車麩《ふ》や凍《し》み豆腐も保存性がよいが、干しいもや干し柿は水分が多いため保存に限りがある。味噌、醤油、塩も常備しておこう。災害用には、インスタントラーメンではなく、アルファ化米*やせんべいを備蓄する。なお、干しいもや干し柿は玄米に近い炭水化物を含み、凍み豆腐は脂質とタンパク質に、車麩は炭水化物とタンパク質に富む（表6）。

おとな2人、小学生の子ども2人の4人家族の農家（福島県喜多方市）の年間消費量を紹介すると、玄米350kg、原麦30kg、ダイズ20kg、塩15kg（うち10kgは味噌用）、ジャガイモ20kgであった。備蓄量の参考にされたい。

燃料を使わない農具に挑戦してみよう

機械は、人間や家畜の重労働や長時間作業を肩代わりでき、便利で、非常に効率がよい。しかし、運転には石油から作った燃料か電気が必要となる。そこで、本書ではできるだけ機械を使わない前提で述べているが、機械を否定するつもりはない。使える間は、使えばよい。

また、ビニールマルチや雨よけハウスなど農業用の石油を原料とした資材は、とくに寒冷地で寒さから苗を守るのに有用だ。これに代わる方法は、高価なガラス温室しか見あたらない。使う量が少なければ、有効活用するとよいし、著者も使っている。

なお、バイオディーゼルなど植物油[9]を使って農業機械を動かす試みがある。だが、植物油のほとんどは輸入であり、食料難になったときにバイオディーゼル用に国内の貴重な農地を使う余裕はあまりない[10]。

穀物収穫後の手作業による脱穀（千歯《せんば》扱《こ》き、足踏み脱穀機）、風選（唐箕）、籾すり（木臼）、製粉（石臼）の農具を写真7（72〜73ページ）で、作物栽培に必要なおもな農具や除草道具を図18―1、18―2、19（74〜77ページ）で、それぞれ紹介する。手作業が可能な方は挑戦してみてほしい。

①千歯扱き

金属の歯でイネの穂をしごいて、穂から籾を取る。

②足踏み脱穀機

写真の前方にあるペダルを踏んで突起のついたドラムを後方に向かって回転させ、穂を当てて、穂から籾を取る。後ろのカバーは、籾がドラムの風圧で飛んでいかないようにかけてある。下にブルーシートやむしろを敷き、その上に手箕を置くと、籾の回収と終了後の掃除が容易である。

③唐箕

上部の漏斗《じょうご》に籾を投入し、右のハンドルを手で回して風を起こして、軽い（実りが悪い）籾を風で吹き飛ばして選別する。重い（実った）籾は手前の口から出る。

④籾すり用木臼

左の軸に右の臼をはめて、右側を回転させる。籾を入れると、木臼のひだで籾すりされる。土製も使われたが、1920年ごろに開発されたゴムロール式籾すり機に完全に置き換わった。現在の籾すり機もゴムロール式が主流。

⑤製粉用石臼

上側の臼を回転させると、2つの臼の間から粉が出る。自給用であれば、米、ムギ、雑穀、豆のいずれにも利用できるように、石屋さんが目立てをしてくれる。石材店から家庭用を購入できる（たとえば http://www.smile.cci.or.jp/hp/oshima/option7.html 参照）。

（1）たとえば、金子美登『絵とき 金子さんちの有機家庭菜園』（家の光協会、2003年）、徳野雅仁『完全版 農薬を使わない野菜づくり——安全でおいしい新鮮野菜80種』（洋泉社、2001年）など。

（2）タイガーカワシマの湯芽工房（http://www.tiger-k.co.jp/products/spring/ys）が広く使われている。

（3）大豆用水分計（たとえば http://www.oga-denshi.co.jp/products/01-5.html）を使う。

（4）及川一也『雑穀——11種の栽培・加工・利用』農山漁村文化協会、2003年。

（5）食品アレルギーの原因物質は、卵、乳製品、コムギ、カニ・エビ、果物、ソバ、ピーナッツ、魚卵、ダイズ、堅果、肉、野菜、イカ・タコの順と報告されている。したがって、ソバ以外の雑穀は食品アレルギーになりにくいと考えられる（厚生労働省政策レポート「食品アレルギー表示について」

http://www.mhlw.go.jp/seisaku/2009/01/05.html)。

(6) 雑穀のミネラル含量は、前掲(4)参照。

(7) 久宗壮『生命の樹に賭ける──立体農業のすすめ』富民協会、１９７９年。

(8) 焼き畑で有名な宮崎県東臼杵《うすき》郡椎葉《しいば》村では、1年目にソバを、2年目にヒエ・アワを、3年目にアズキを、4年目にダイズを育てているという(上野敏彦『千年を耕す　椎葉焼き畑村紀行』平凡社、２０１１年)。

(9) バイオディーゼル燃料(ＢＤＦ)は、植物油の粘度を下げてディーゼルエンジンで使用できるようにするために、メチルエステル化などの化学処理をした燃料。化学処理過程でグリセリンが副産物として出るが、よい活用法が知られていない。ストレートベジタブルオイル(ＳＶＯ)は前処理をしなくてすむが、燃料にごみを詰まらせないためのろ過、燃料が車の配管に詰まらないように温めるなどのノウハウが必要である。

(10) 日本人は一人一日あたり約２５００キロカロリーを摂取している。農地面積は４６１万haで、摂取カロリーの39%、９５９カロリーしか国内で生産していない(35ページ図7)。41万ha近くある耕作放棄地を食料生産に戻しても、国内自給にはまったく足りない。したがって、食料需給の逼迫時に、耕作放棄地や農地をトラクターなどを動かすための燃料生産に使うことは考えられない。

農具（足踏み脱穀機以外は福島県博物館所蔵）

千歯扱《せんばこ》き

足踏み脱穀機

写真７　穀物の収穫後に手作業で利用できるおもな

唐箕

籾すり用木臼

製粉用石臼

農具

鍬

平鍬
溝切り、畝立て、
中耕、畦塗り

万能鍬
耕耘、砕土

レーキ
均平

三角削り
播種・追肥用の
溝切り

鎌

小鎌
根を切って除草

普通
草刈り

木鎌
細い木も切れる

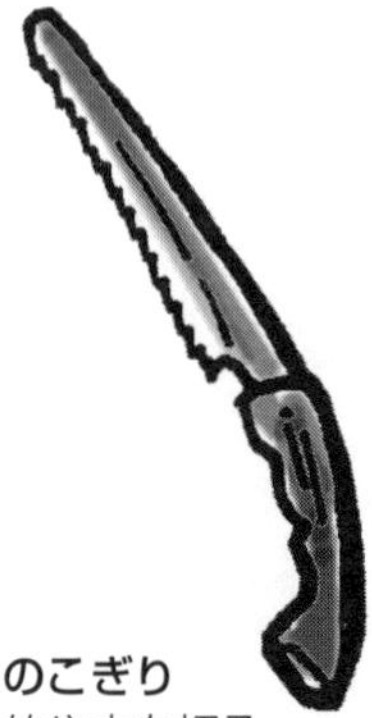

のこぎり
竹や木を切る

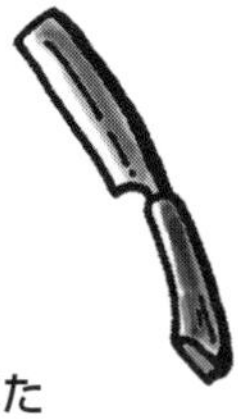

なた
木や竹の枝打ち、
杭の先をとがら
せる

砥石《といし》
農具を研《と》ぐ

図 18-1 おもな

はさみ
収穫に使う
じょうろ
苗の水やりに使う
移植ゴテ
定植に使う
スコップ
丸型
堆肥やぼかしの切り返し
角型
穴掘り、イモの収穫
尺棒
定植の際に株間を一定(40cm、20cm など)にするために使う
支柱
バケツ
水や肥料を運ぶ
手押し播種機
ムギ、ダイズ、雑穀に用いる

図 18-2　おもな農具

手箕《てみ》
わら・ごみ集め、実りの
悪い籾(しいな)の選別
コンテナ
ジャガイモなどの収穫物を
入れる
舟(左官用コンテナ)
ぼかしや育苗培土の攪拌
熊手
落ち葉や草集め
フォーク
堆肥の切り返し、草集め
一輪車
土、草、収穫物、堆肥などの運搬

図 19　水田の除草道具

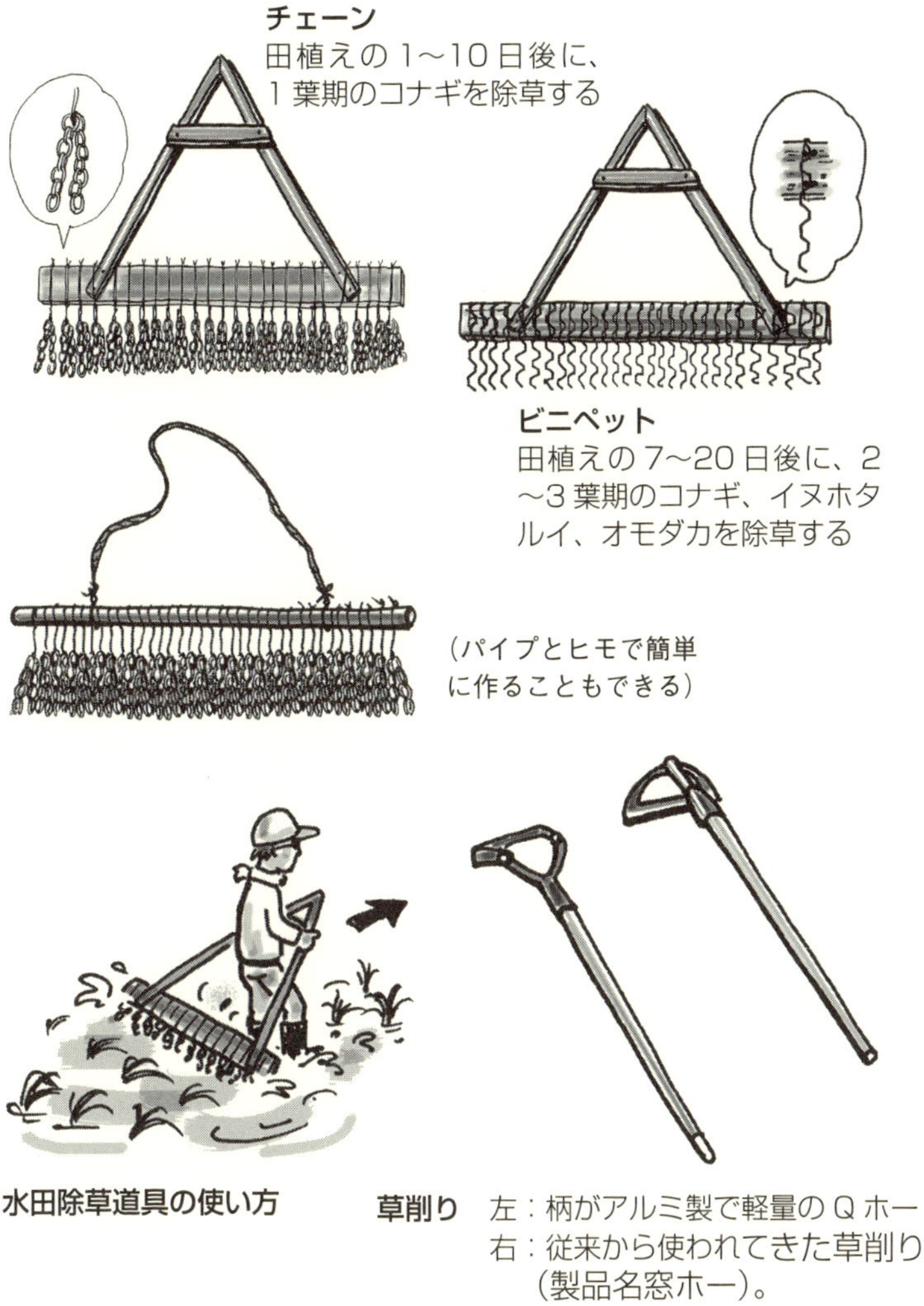
チェーン
田植えの 1～10 日後に、
1 葉期のコナギを除草する
ビニペット
田植えの 7～20 日後に、2
～3 葉期のコナギ、イヌホタ
ルイ、オモダカを除草する
（パイプとヒモで簡単
に作ることもできる）
水田除草道具の使い方
草削り　左：柄がアルミ製で軽量の Q ホー
右：従来から使われてきた草削り
（製品名窓ホー）。

4 家畜を飼う

餌をどうまかなうか

1950年代には、自給目的で1戸の農家で飼えるのは、鶏5〜10羽、ウサギ2〜3羽、ヤギかヒツジ1頭、ウシかウマ1頭であった。当時、610万戸の農家に、ウシ283万頭、ウマ109万頭、ヒツジ69万頭、ヤギ49万頭、ウサギ74万羽、ニワトリ3659万羽いたという。(1) 餌はおもに、畦草、里山の草刈り場や河川敷などの野草、稲わら、麦わら、野菜の残渣。土地に余裕がある場合だけ、放牧が可能であった。

仮に、食用穀物や、餌用のトウモロコシ、ふすま*などの濃厚飼料の輸入がほぼ停止した場合、北海道を除けば、国内農地のほとんどは食用作物の生産に向けられると想定される。農場内で得られる餌は、畦草、雑草、残渣、稲わら、麦わら、米ぬかなどに限られるから、現在のような家畜の大量飼育はまったく不可能であり、少数飼育が普通となる。言い換えれば、家畜の種類と頭数を決めるのは、何を何頭(羽)飼いたいのかではなく、与えられた土地と限られた餌という条件で、何を何頭(羽)飼えるかである。

表7 1950年代における草生産量の試算

	森林の下草	牧野	畦	河川敷・堤防
面積(万 ha)	797	134	46	21
草生産量(万トン)	1,593	616	312	126

(出典) 佐々木清綱『畜産学各論』朝倉書店、1957年、16ページ。

その際、家畜に必要な餌の総量を簡易に試算するために、家畜単位を用いる。乳牛に必要な餌を1・0とすると、肉牛とウマ0・8、ブタ0・3、ヤギとヒツジ0・1、ウサギ0・02、ニワトリ(卵用)0・014である。したがって、乳牛1頭を飼う餌があれば、概算で肉牛とウマ1頭、ブタ3頭、ヤギとヒツジ10頭、ウサギ50羽、ニワトリ70羽を飼える計算になる。

里山などを草刈り場や放牧地として利用できれば、農場内よりも多くの頭(羽)数を飼える。傾斜地では、耕起栽培は土壌浸食を引き起こすので、不耕起栽培による飼料作物生産か放牧が原則となる。また、人の屎尿や家畜の糞尿は食用作物の生産に利用され、飼料作物生産には外部からの投入はあまり期待できない。餌として利用できるのは、低投入に耐えるクズ、ハロウイーンカボチャ、飼料カブ、クローバ類などであろう。放牧にはノシバがよい。なお、ナンテン、キンポウゲ、ツツジなど毒性をもつ草や木の葉には注意しなければならない。

1950年代には、未利用地も含めて約1000万haの土地から約2600万トンの草資源の収穫が可能であると見積もられた(表7)。日本は2500万haの森林を有する。その1割の250万haの下草を草資源として利用するだけでも、600万トン以上の餌を得られると試算できる。言い換えれば、以下に示す家畜の種類と飼い方によっては、里山の草資源を大いに利用することが可能だ。

厩肥を生産する

家畜が出す糞尿は貴重な資源である。家畜小屋には十分な敷料をして、家畜にとって快適な住環境を提供する。敷料には、籾殻、イナわら、ムギわら、ススキなどを使う。家畜が踏んだ敷料入りの糞尿を厩肥《きゅうひ》と呼ぶ。定期的に糞尿を家畜小屋から持ち出し、雨の当たらないところ(堆肥舎、94ページ参照)に保管しよう。

年間の厩肥生産量は、ウシとウマで9000kg、ヒツジとヤギで900kg、ウサギで90kg、ニワトリで20kgが目安となる。ニワトリを除けば尿をするので(2)、尿は糞から分離して集めて、速効性液肥として利用するのが望ましい。なお、ウサギの尿はアブラムシの防除に使えるという。厩肥の利用については94～97ページを参照されたい。

おもな家畜の飼い方

①ウサギ(3)

成長が速く、草だけでも短期間で肉と毛皮の生産ができる。したがって、濃厚飼料に頼らない生産に適している。青草なら、体重の1～3割を毎日与える。品種は、日本白色種が多い。箱飼いすれば、広い場所はいらない。幅90㎝×奥行き60㎝×高さ45㎝程度の箱を使う。中の様子が見えて、通気できるように、前面は金網とする。

5～6カ月で屠殺して、肉にする。繁殖は年3～4回可能だが、3～4月に生まれた仔ウサギが野生と同じ条件なので、生育がよい。1950年代には、毛皮を売り、血抜きした後、枝肉(骨付き)を熟成させ、骨ごとミンチにして自家消費したという。

また、生きた除草機としても活用できる。ウサギをカゴに入れると、中の雑草をきれいに食べる(図20)。食べ切ったら、カゴを移動する。カゴの大きさは、中に入れるウサギの羽数と移動頻度で決める。カゴが大きいほうが、移動頻度が少なくてすむ。

図20　ウサギによる除草

② ニワトリ

運動できるだけのスペース(目安は1㎡あたり3羽以内)で、健康に育てる(平飼い)。イタチ、野犬、クマ、テンなどの天敵がいる場合には、金網などを張った小屋か屋内で飼う。品種は、赤玉種、名古屋コーチン、ロードアイランドなどを飼うとよい。入手先は、平飼い養鶏で実績のある農家と知り合いになって教えてもらうか、ヒナの一部を分けてもらう。卵を採ることが優先であれば、雄は少羽数でよい。餌は、草や野菜残渣に加えて、貝殻（カルシウム源）を補給する。くず米、米ぬか、可能であれば魚粉などの動物タンパク質があれば、産卵数が増加する。動物タンパク質がない場合には、畑などに放してニワトリ自らにミミズや害虫などの動物タンパク質を摂らせる。

③ヒツジ

ヒツジは寒さに強く、乾燥したところを好む。日本で手に入るサフォーク種は早熟で、肉の生産に適している。餌は青草、乾草、サイレージ*などがよい。

2～8歳の雌を秋に種付けして、翌年の2～3月に出産させる。仔ヒツジは4カ月間授乳させ、その後2～3カ月間草を食べさせて体重45～55kgに仕上げ、屠殺してラム肉とする。生後1年を経過したヒツジの肉はマトンと呼ばれ、独特の臭みをもつので、たれに漬けるなどの方法で食べる。雄の去勢は生後7～10日で行う。

なお、イヌ（飼い犬を含む）がヒツジを襲うことがあるので、日頃から注意する。一方、訓練されたイヌ（牧羊犬）を使えば集団放牧できる。

④ヤギ[5]

ヤギは人が扱いやすくて、寒さに強い。湿ったところは適さないので、高床にするなど風通

図21　ヤギ小屋の一例

しのよい小屋を用意しよう(図21)。草を中心に飼うことができる。つなぎ飼いする場合には、イヌの首輪と鎖を使うなど、首つり状態にならないように注意する。

乳用日本ザーネン種の雌ヤギは10月に種付けして、翌年2〜3月に出産する。出産から6〜8カ月間、毎日2kg搾乳でき、15年近くにわたっての搾乳も不可能ではない。10月から出産までは乾乳期となる(乳を搾れない)ことに留意する。

なお、青草ばかり食べさせると乳が青臭くなる場合があるので、イナわらなどの粗飼料も同時に与えて、餌の偏りがないように配慮する。肉は独特の臭いがあるので、たれに漬け込むなど加工・調理法に工夫が必要かもしれない。ヒツジに比べると集団放牧はむずかしいようで、舎飼いが基本である。

⑤ウシ・ウマ

大家畜に分類され、財産としての価値をもつ。ただし、1頭を養うのに、年間を通して乾草換算で毎日5～10kgもの青草、乾草、サイレージ、カボチャやカブなどの飼料作物を供給できるように、準備する必要がある。乳牛ではブラウン・スイス*やジャージー*、肉牛では日本短角種*、褐毛《あかげ》和牛*、無角和牛*が、濃厚飼料に依存しない飼い方に適している。

水田や溜め池で魚を養殖する[6]

コイ*は雑食性で、水草や小動物、貝を食べる。溜め池や流れの緩やかな水路で飼うことができる。水田で飼う場合には、一部を深さ1ｍぐらいまで掘って逃げ場とする。江戸時代には、台所の流しの下で炊事の残渣を使って飼っていたという。

卵から収獲できるまで、1年半で成長する。水温が15～25℃になったときに（4月中旬～6月中旬）、5～6歳の雌に3歳の雄を数尾入れて産卵させる。5月に生まれたばかりの稚魚はミジンコ*などのプランクトンしか食べられないが、6月ごろからは何でも食べる。秋には50～150gに成長し、翌年の秋に1kg前後になったら食用にできる。変温動物なので、水温15℃以下では成長しない。

流水で飼育するとよい。止水の場合は、水の入れ替わりで溶存酸素*が極端に不足とならないように留意する。

フナは、ゲンゴロウブナ（ヘラブナはゲンゴロウブナの改良種）が植物食で、他の種類は雑食性であるという。コイと同様に、溜め池や流れの緩やかな水路で飼うことができる。

ドジョウは雑食性で、動物プランクトン（ミジンコ、ワムシ*）のほかに、植物プランクトンや小動物（ユスリカの幼虫（アカムシ*）、イトミミズ*）を食べる。乾きにくい湿田に適している。有機栽培を行ってミジンコなどの動物プランクトンが増えると、秋に収獲が可能になるという。畦塗りを確実に行って、水漏れが発生しないように留意しよう。秋に水田が乾く場合には、水田の脇に素掘りの溝（ひよせ、掘り上げ）を造って水を溜めておくと、ドジョウの避難場所になる。

（1）佐々木清綱『畜産学各論』朝倉書店、１９５７年、２ページ。
（2）ニワトリなど鳥類は尿をしない。
（3）農林水産省編纂『ウサギの飼い方』農業技術協會、１９５０年。
（4）平山秀介『めん羊——有利な飼育法』農山漁村文化協会、１９８２年。
（5）北原名田造『ヤギ——飼い方の実際』農山漁村文化協会、１９７９年。萬田正治『ヤギ——取り入れ方と飼い方、乳肉毛皮の利用と除草の効果』農山漁村文化協会、２０００年。
（6）富永正雄『コイ——農家養殖の新技術』農山漁村文化協会、１９６６年。牧野博『ドジョウ——養殖から加工・売り方まで』農山漁村文化協会、１９９６年。

5　食い改めよう――日本人の元来の食べ方に戻る

日本人は、長い歴史の間、自ら育てたものを食べてきた。穀物、イモ、豆、野菜、乾物、小魚、味噌、醤油などを使って毎日の食事をまかない、乳製品や肉などの動物性タンパク質を食べるのはごくまれであった。別の見方をすれば、日本人の体はこのような食事に適応しているからこそ、(1)長年にわたって繁栄してきたと考えるべきであろう。栄養計算に基づいて食べものを選んできたわけではない。

先人の生み出した知恵が、普通の日(「ケ」の日)は質素に、特別な日(「ハレ」の日)だけ豪華なものを食べて、食事に変化をもたせることであった。「ケ」の日には、米、麦、雑穀、イモ、豆、味噌・醤油・漬け物・納豆などの発酵食品、野菜、木の実、コンニャク、麸《ふ》・干しダイコン・高野豆腐などの乾物、海草、小魚を素材とした食事をする。「ハレ」の日には、日本酒、菓子、モチ、肉、乳製品、魚、寿司、外食を取り入れる。自産自消と地域自給を基礎とした食生活では、自ら収穫できる食料にも地域で生産できる食料にも限界があるから、「ケ」の日の食事が中心となる。

お金を出せば、食べたいものを何でも食べられる(典型的には動物性タンパクの多い食事)時代は最後の石油ショックにともない終了し、自ら育てた食べものや地域で生産された食べもので生きる身土不二の時代が来る。念のために断っておくが、畜産は元来、人が食べられない草資源や残渣を人が食べられる肉や乳製品などに変換する営みである。こうした方法で生産された畜産物を少しずついただくことが、本来の姿だ。

さらに、食べることとは、命をいただくことである。より正確に言えば、食べるとは、生き物を育て、殺生し、そしていただくことである。植物も殺生しなければ食べられない。殺生なしに、人は生きられない。自ら育てれば、この当たり前だが、現代社会ではまったく分断されてしまった重要なことを体感できる。

一方、穀物を餌として与える近代畜産を前提とした高タンパクの食事は、環境への負荷が大きい。たとえば、1kgの牛肉を生産するのに、ウシに飲ませる水と穀物を育てる水で合計20トンも必要であると試算されている(2)。また、アメリカ中西部のトウモロコシ地帯(コーンベルト)で施用した窒素肥料やリン酸肥料の一部がミシシッピ川を経てメキシコ湾に流れ出し、河口一帯の約1万5000haを死の海にしていることが問題視されているという(3)。

自産自消と地域自給を通じて日本人の元来の食べ方に戻ることは、健康の面からも環境の面からもいいことずくめといえる。

(1) 日本人は小腸の長さ6〜7m、大腸の長さ1・5〜2mで、欧米人よりもあわせて2〜3m長いとされている。長い腸は、日本型の素材(米、麦、雑穀、イモ、豆、味噌・醤油・漬け物・納豆などの発酵食品、野菜、木の実、コンニャク、麩・干しダイコン・高野豆腐などの乾物、海草、小魚)を消化・吸収するのに適している。

(2) 日本が輸入しているコムギ、ダイズ、牛肉、豚肉、餌のトウモロコシなどのために、生産国では200億トンもの水を消費している(仮想水という)。もっとも効率が悪いのが牛肉で、わずか100gの牛肉を生産するのに2トンもの水を必要とする(http://hydro.iis.u-tokyo.ac.jp/Info/Press200207/)。

(3) http://serc.carleton.edu/microbelife/topics/deadzone/。なお、死の海は溶存酸素が2ppm(㎎/ℓ)以下と定義されている。

表８ 人糞尿の構成成分（％）

	水分	窒素（N）	リン（P）	カリウム（K）
尿	94	0.9	0.01	0.2
糞	75	1.1	0.4	0.4

（出典）Del Porto, D., Steinfeld, C., "*The Composting Toilet System Book*", The Center for Ecological Pollution Prevention, 2000, pp. 28-29.

６ 地域資源の活用

地域の有機物としてもっとも活用されてきたのは、屎尿、里山の落ち葉や刈り草、薪や炭の灰である。草刈り場の青草は家畜の餌や畑の緑肥に利用し、ススキなどを家畜の敷料にした。灰は貴重なアルカリ性肥料（主成分はカリウム）で、ハエよけにも使った。

人糞尿をリサイクルする

水洗トイレに毒されてほとんどリサイクルされなくなったが、人糞尿は家庭から出る貴重な資源である。江戸時代には有価物で、農家がお金を支払ってまで買った。窒素が尿には０・９％、糞には１・１％含まれる（それ以外の成分含量は０・４％以下と少ない（表８））。

利用法は、糞と尿を分離して尿を液体肥料として別途使用する方法（固液分離）と、糞と尿を一緒にして利用する方法に分かれる。前者の糞や後

写真８　コンポストトイレの一例

者は、堆肥として利用する。昔のような汲み取りに伴う悪臭と汚物感をなくすためには、①時間をかけて（1～2年間）熟成させ、②熟成中に屎尿の中が酸素不足にならないように留意する。

人糞尿を利用するための市販トイレは通常、コンポストトイレ、バイオトイレと呼ばれる。ヒーターやモーターの駆動に電源を必要とするタイプは、節電のために使いたくない。

電源を使わないタイプでは人力で攪拌しないかぎり、酸素不足で悪臭が出やすい。籾殻、おがくず、イナわらの副資材を混ぜると、水分が低下して、しかも酸素が保持されるので、悪臭防止に効果がある。糞と尿が混じると水分が高くなるから、副資材を多くしないと、酸素不足で悪臭が強くなる。

写真８はコンポストトイレの一例である。このケースでは、市販のトイレに糞だけをし、尿はバケツにする。左は市販の室内用トイレに籾殻を敷いたところ。この上に、糞を落とし、用がすんだら籾殻をかける。トイレットペーパーはごみ箱に入れる。右下の手前が糞にかける籾殻、奥が尿をするバケツだ。

トイレやバケツがいっぱいになったら、わらや残渣を積んだ枠に投入し、わらや残渣とサンドイッチにする。枠がいっぱいになったら、右上の写真のように枠の位置を上げると、高く積み上げられる。この状態で1～2年間、熟成させる。

人糞尿のリサイクルによる病原菌や回虫を防止するには、以下の点に注意する。

①古い糞尿と新しい糞尿を混入しない[1]。

②1～2年経った糞尿は他の有機物と混ぜ、65℃で好気発酵させて、殺菌する（95ページ参照）。

③人糞尿が混ざった厩肥は穀物や木本作物などに施用し、生で食べる野菜には施用しない。

④野菜は火を通して食べる。

なお、外国産材や建築廃材のおがくずには農薬や防腐剤が使用されている場合が多いので、農薬や防腐剤が使われていない国産材に限って利用する。また、リサイクルトイレットペーパーにはリサイクル過程で化学薬品が使用されている可能性が高いので、分離して焼却するなどして、糞尿と混ぜないほうがよい。

人糞尿のリサイクルが途絶えて60年近く経つ。この貴重な資源を有効にかつ安全にリサイクルする方策については、もっと多くの試みが必要だ。人糞尿とバイオガスプラントの組み合わせについては、102～106ページを参照されたい。

里山を利用する

　里山利用のモデルケースとして知られるのが埼玉県の三富新田《さんとめ》(所沢市・川越市など)だ。元々やせていて、さらに落雷のためにススキの荒野となった土地を、江戸時代に開墾した。水利が悪かったので、育ったのは畑作物だけである。特徴的なのは、すべてを畑として開墾するのではなく、1農家の所有地5haの約半分にクヌギ、コナラ、エゴノキ*などの落葉樹を植林したことだ。その落ち葉を堆肥にして、残り半分の畑でオオムギ、コムギ、アワ、ダイズ、ソバ、ダイコンなどを作付けした。こうした持続的な畑作が、第二次世界大戦後まで長く続く(2)。

　このような里山と畑の連携は、日本各地に見られた。里山で刈った青草は、緑肥として水田にも鋤き込んだ。

　宮崎県東臼杵郡の諸塚村《もろつか》では、クヌギ、ヒノキ、スギが生えた50haの森林に30〜40頭の繁殖牛を、4〜6月と10〜11月に放牧した。これを林間放牧という。森林の旺盛な生長をウシがじゃましないように、夏には放牧しなかった。林間放牧によって、森の下草刈りにかかる経費が軽減され、ウシも健康になったという。課題は、ウシが逃げ出さないために必要な電気柵のコストを誰が負担するかと、栄養価の高い草を食べたウシとそうでないウシのばらつきの解消であったという(3)。すでに述べたように、日本は2500万haもの森林を有するから、その一部を使うだけでも家畜の餌として大きく活用できる。

そして日本人は、里山の山菜、キノコ、木の実で食卓を豊かにしてきた。これからも持続的に利用を続けていきたい。

建材、家具などの材料を地元の里山から切り出すのも、ごく自然な行為である。私たちの先祖はさまざまな樹種をさまざまな目的のために利用してきた。東北地方の例をあげてみよう。

薪や炭――コナラ、ブナ、ミズナラ。
シイタケの原木――ミズナラ、ヤマザクラ*、コナラ、ブナ、カキ、クリ、クルミ。
ナメコの原木――クルミ、ヤナギ、ホオノキ*。
家の土台木――クリ。
家の大黒柱――ケヤキ*。
一般的な建材――マツ、スギ、ヒバ*。
囲炉裏の枠――ヤマザクラ。
家具――ウルシ*、キリ*、クルミ(戸棚)、ホオノキ(こたつ)。
台所用具――トチ*、ブナ(お椀)、ヤナギ(まな板)、スギ(桶や樽)
稲架掛けの杭――クリ。
なたの柄――ナナカマド*。

人が植えたのはマツ、スギ、キリだけで、他の樹種は自生だった。

図22　堆肥舎の一例

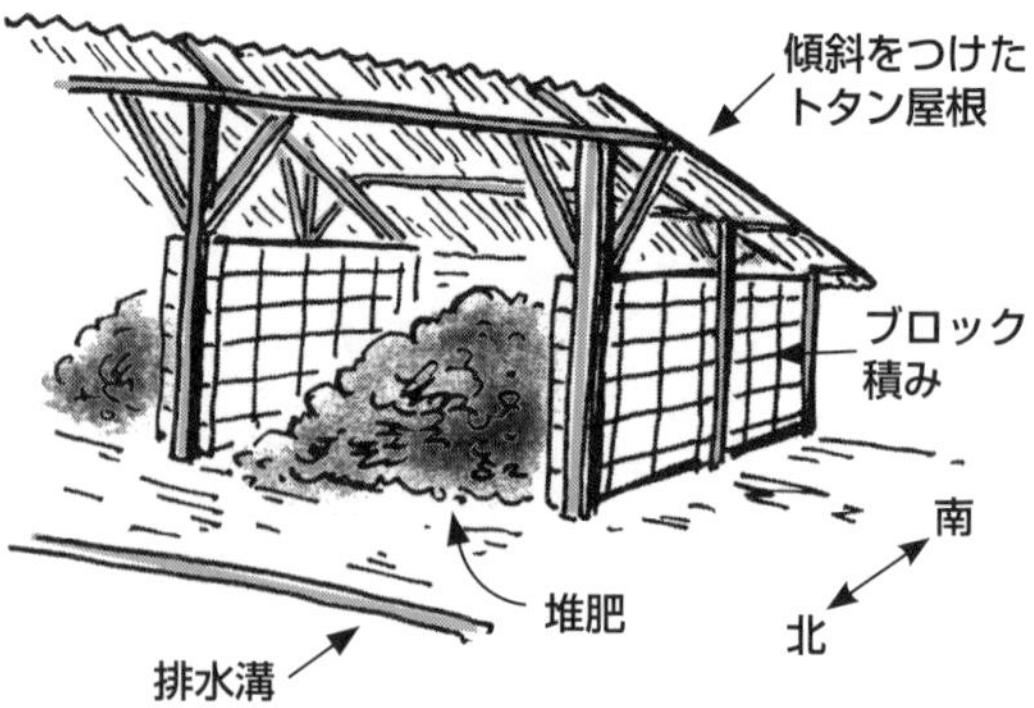

有機物を上手に使う

①厩肥や人糞尿の貯蔵

厩肥や人糞尿は定期的に堆肥舎に移す。堆肥舎には屋根を設けるか雨よけをして、厩肥や人糞尿の中の貴重な養分が雨によって流亡しないように注意する（図22）。念のために、液が漏れ出したときには一カ所に集まって回収できるように、堆肥舎に勾配をつけておく。分離した尿や堆肥から漏れ出した液は、ポリタンクなどの容器に密閉保存し、中に含まれるアンモニアが失われないように注意する。[4]

②堆肥化

厩肥や人糞尿を水分が50～60％となるように積み上げると、中の微生物の呼吸熱によって温度が上昇し始める。手でぎゅっと握ったときに、固まりとなり、しかも中から水がしみ出てこない状態が、50～60％の目安だ。バイメタル温度計[5]やデジタル表示の温度計を挿して、中心部の温度が60～65℃になったら、外側（温度が低い）と中側（60～65℃）を入れ替える。

中に隙間が多すぎる場合や表面積が大きい場合には、温度が上がりにくい。前者では、よく踏んで隙間を取り除く。後者では、正方形に積み上げて表面積を小さくするか、毛布やカーペットでカバーする。また、スタート時の水分が多すぎても温度が上がらないので、乾いたわら、籾殻、おがくずを混ぜて、水分を50～60％に調節する。逆に温度が上がりすぎる場合には、竹などを挿して中に空気を入れるか、水を加える。60～65℃にすれば、厩肥や人糞尿に含まれる病原菌や雑草の種子を死滅させられる。

ただし、切り返し作業は重労働である。省略する場合には、厩肥や人糞尿を木本作物や穀物など病原菌の伝染が心配ない作物を栽培する農地に施すとよい。

③有機物の施用方法

施用方法は、全面鋤き込み、部分鋤き込み、表面マルチの３つがある。

全面鋤き込みは土壌改良にはよいが、肥料的な効果を期待するには、１㎡あたり５００ｇ（１ａあたり50kg）以上が必要である。一方、部分鋤き込みは鋤き込むところだけ穴や溝を掘るから労力はかかるが、１㎡あたり５００ｇ程度で肥料効果を期待できる。表面マルチも全面に行うには１㎡あたり５００ｇ以上が必要となるので、部分マルチのほうがよい。

図23　踏み込み温床の作り方

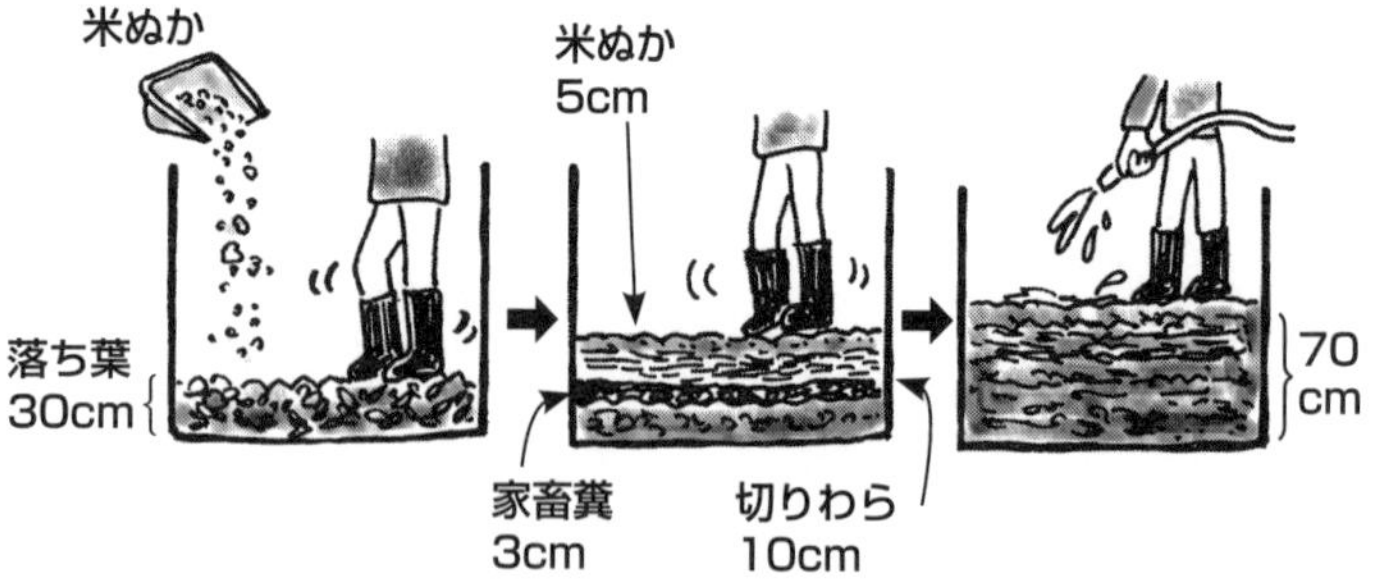

④踏み込み温床

里山の落ち葉、厩肥、わら、分離した尿、米ぬか、雑草などを材料に、1年目は発酵熱で野菜やサツマイモの苗を育苗し、2年目にはそれを育苗培地とする、きわめて合理的な方法である。

温床の温度は最初40℃を越えることもある。しばらくして、温度が30℃を切ったころに育苗に使う。なお、温度が十分に上げられない場合は、水分過多、隙間過多、米ぬかや厩肥が足りない、周囲の断熱が不十分などが原因として考えられる。

踏み込み温床の作り方は図23に示す。(6)

①底に落ち葉を約30㎝敷いて、米ぬかを撒き、よく踏み固める。

②家畜糞を3㎝、切りわらを10㎝、米ぬかを5㎝敷き、きつく踏む。

③下からにじみ出るまで水をかける。

④①を繰り返す。ただし、2回目からは落ち葉は10㎝でよい。高さが70㎝ぐらいになるまで積み上げ、水分は50～60％に

する(目安は94ページ参照)。

(1) 古い糞尿と新しい糞尿は別々に保管し、隣り合わせとなる場合には仕切りを設ける。

(2) 明峯哲夫「健康な作物を育てる——植物栽培の原理」中島紀一・金子美登・西村和雄編著『有機農業の技術と考え方』コモンズ、２０１０年、１００~１０１ページ。

(3) 蔦谷栄一『日本農業のグランドデザイン』農山漁村文化協会、２００４年、１１５~１１７ページ。

(4) 尿、生糞尿、堆肥には、アンモニアイオン(NH_4^+)が含まれる。アンモニアイオンは水によく溶ける一方で、アンモニアガス(NH_3)として大気中に失われやすい。

(5) 金属の膨張率の違いを使って温度を測る。アナログ表示が上にあって、見やすい。しかも、デジタル式のような電池は不要。

(6) 金子美登『絵とき 金子さんちの有機家庭菜園』家の光協会、２００３年、27~28ページ。

7　再生可能エネルギーと飲み水の自給

電力消費量を大幅に減らす

もっとも重要なのは、エネルギー消費量、なかでも電力消費量の大幅削減だ。そのために、以下の3点を暮らしの原則としよう。

①自然のリズムにしたがって生活する。外が明るくなったら起き、暗くなったら早い時間に就寝する。

②昼は、太陽光で部屋を明るくしたり暖めたりする。夏は、暖まった空気が自然と換気されるような家に住む。

③家庭や地域で得られる電力の範囲に消費量を抑えるようにして、家電製品になるべく依存しない。とくに、ＩＨ調理器、エアコン、こたつ、電気カーペット、電気炊飯器、ホットプレート、ドライヤーなど電気を熱に変換する家電製品は電気消費量が大きい。これらを使わない生活をめざす。また、家族が個室よりも同じ部屋で一緒に過ごすようにする。

④24時間電気を使うコンビニや自動販売機は、なるべく使わない。

再生可能な熱利用

①薪などの燃料木

木材を切り出して乾燥し、薪にして燃やす。針葉樹・広葉樹の種類を問わず、水分を含まない薪1kgあたり約2000万ジュールの発熱量が得られ、50ℓ近い0℃の水を沸騰させる(100℃にする)ことができる。

ただし、実際の薪には乾燥させても水分が含まれている。熱せられるとまず水分が蒸発し、発火点(430~500℃)に達すると炎を出して燃焼する。木材の主要成分はセルロース、ヘミセルロース、リグニンで、元素として50%の炭素、6%の水素、40~45%の酸素を含む。燃焼の際、実際に燃えているのは木材の主要成分そのものではなく、熱によって主要成分から分解生成したガスが空気中の酸素と燃焼を起こしている。[1]

ミズナラやコナラなどの広葉樹は、火力が強く、火持ちがよい。水田の畦によく植えられていたハンノキ*もよい燃料になる。針葉樹、とくにスギは火力が弱く、火持ちも悪い。これは、体積1ℓあたりの発熱量が広葉樹は1300万ジュールなのに対して、針葉樹では750万ジュールしかないからで、[2]薪ボイラーや囲炉裏で一度に燃やせる薪の重さが少ないことを意味する。また、針葉樹は倍近い保管スペースが必要となる。しかし、針葉樹は間伐材などがただ同

写真９　給湯と床暖房ができるウッドボイラー（エーテーオー株式会社（http://www.ato-nagoya.com/boiler/index.html）のN-350NSB型）。手前にあるのは燃焼の促進に使うファン

然で手に入る。たきつけや安価な燃料としては、もっとも利用しやすい。

広葉樹の場合、刈り株から再生させると20～30年ごとに燃料木（燃料にする木）を得られ、合計で4～5回、80～１００年間、再生利用できる。一方、種から増やす場合は25～30年かかる。

通常、燃料木は冬の間に切り出し、日当たりのよい場所に積み上げて、夏まで乾燥する。その後は、使用するまで雨露が当たらないように保管する。写真９のウッドボイラーでは、切り出して乾燥した丸木のまま燃やしてよい。１日10～30kgの丸木を使えば、風呂や炊事の給湯にも暖房にも利用できる。

炭は、木材を半密閉状態で燃焼させ、揮発成分や水分をとばして軽量化した炭素の固まりである。燃焼中に炎や臭いがほとんどなく、料理用・暖房用として販売（現金収入）に適している。ただし、高価なため、自給用には使用が限られた。

囲炉裏（写真10）は家全体が煙でいぶされるが、灯り、暖房、調理、乾燥といった多目的に使

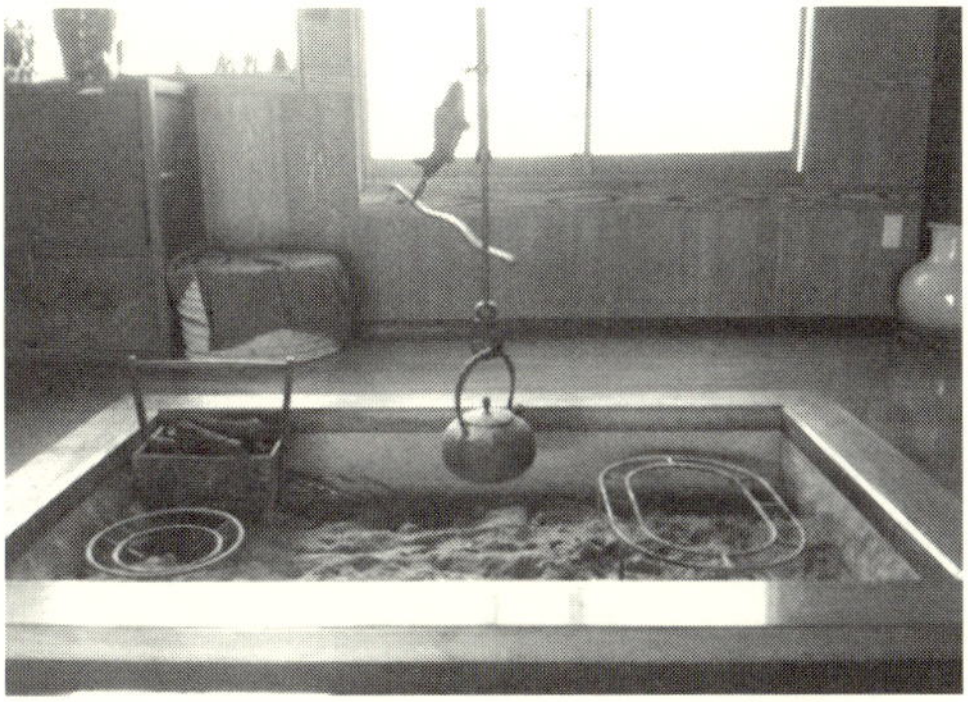

写真10　囲炉裏。鉄瓶を掛けた部分を自在鉤《じざいかぎ》といい、鉄瓶の高さを自在に調節できる(鍋や釜も掛けた)

図24　籾殻を利用する糠釜

える、すばらしいシステムである。また、木材には、0・2〜1%の灰分が含まれ、[3]熱利用した後に灰として残る。灰は、有機栽培のアルカリ性肥料として活用する。

②農業残渣

籾殻を使った炊飯は専用の糠釜(図24)で行われてきた。下に籾殻を入れて釜をセットしたら、火をつけるだけで、「始めちょろちょろ中ぱっぱ」と言われるように、ほぼ全自動でご飯が炊ける。炊けたら、一段上げて、余熱で蒸らす。籾殻は貴重なエネルギー資源でもある。

③太陽熱
太陽光の約50％が熱として利用できるので、既存の再生可能エネルギーのなかではエネルギー変換効率が高い。夏には十分すぎるほど給湯がまかなえる。

メタン発酵によるバイオガス

メタン発酵とは、酸素のない条件で、有機物を有機酸やアルコールに分解（ステージ１）後、有機酸やアルコールを餌にしてメタン細菌がメタンを生成する（ステージ２）微生物反応である。メタン発酵によって生み出されたガスをバイオガスと呼ぶ。主成分のメタンが60～70％を占め、そのほか二酸化炭素（CO_2）、硫化水素（H_2S）、窒素（N_2）、水素（H_2）、一酸化炭素（CO）が含まれる。１㎥のバイオガスは約２万５０００キロジュールあり、石油０・７kgに相当し、５～６人家族の１日分（３食）の調理が可能となる(4)。

メタン発酵を円滑に行うには、①家畜糞やおからなど分解しやすい有機物を餌として定期的に一定量投入し（１日に１㎥のバイオガスを発生させるには毎日25kgの有機物投入が必要）、②温度を20～30℃、pHを7～8・5に保ち、③抗菌剤や農薬だけでなく、微生物の活動を阻害する恐れのある薬品や合成洗剤が混入されないように運転する必要がある。

ネパールにおける地下埋設式の事例では、7・1㎥のバイオガスプラントに毎日120kgの有機物を投入すると、夏には2・9㎥のバイオガスを生産し、5～8人の1日分の調理とガス灯を十分まかなえたという。[5] なお、ガス灯とはバイオガスで明かりを灯すことができるランプで、1時間あたり150ℓ（0・15㎥）のバイオガスを消費する。

また、バイオガスプラントは液肥製造プラントでもあり、1㎥のバイオガス生産にともなって50～60ℓが得られる。窒素濃度は0・1～0・3％で、速効性肥料として有機栽培で元肥にも追肥にも、使用する作物や野菜の種類を問わず活用できる。ただし、硫化水素の除去、浮遊する有機物の固まり（スカム）の細断、詰まりの防止といったメインテナンスが必要となる。

硫化水素は、さびた釘や針金（Fe_2O_3の水和物）とおがくずを重量比で1：12に混ぜた塩ビパイプを配管に接続して、硫化鉄（Fe_2S_3）に変えるか、発酵槽のガスに体積で5％の空気を送り込んで硫黄（S）に変えて、[6] バイオガスから除去する。スカムは、図25（104ページ）のような液肥循環パイプで破砕する。

バイオガスプラントの詰まりを防止するために、投入有機物と同量の水を使ってもよい。したがって、節水型水洗トイレをバイオガスプラントと組み合わせることができる。なお、トイレットペーパーの主成分であるセルロースは分解せず、詰まりを引き起こしたり、汚泥とな

図25　コンクリート製バイオガスプラント発酵槽の模式図

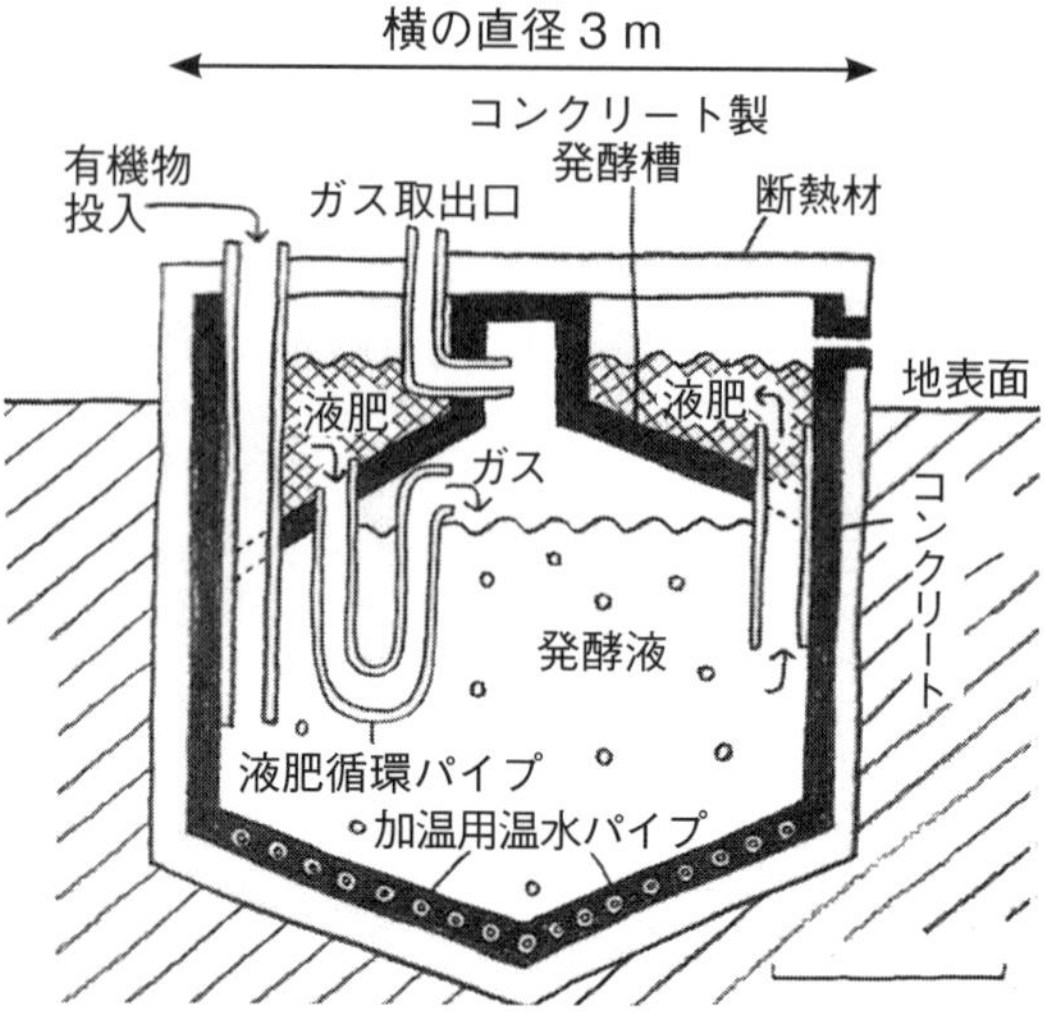

（出典）桑原衛氏提供。

って底に沈殿するので、投入してはならない。

図25はコンクリート製バイオガスプラント発酵槽の模式図である。投入した有機物が発酵するとガスが発生し、その圧力で液肥が発酵槽の上に流れ込む。液肥の一部は、循環パイプを通じて発酵槽に戻る。その際に、発酵槽の浮遊する有機物の固まりを細かく砕くことをねらっている。残りの液肥は、貯留槽を別に設けて保管する。

そして、中の温度を20〜30℃に保つために、断熱材で周囲を覆う。低温で発酵が十分でない場合には、加温用温水パイプを底面に配管して発酵槽を温めるか、温水を直接発酵槽に投入する。

なお、冬に天気がよい太平洋側では、太陽熱温水器で温水を作ることができる。図25は底に埋設したパイプに温水を循環させる設計で、ガス取出口の上にハッチ（潜水艦の出入口と同じ原理）があり、メインテナンスの際に利用する。横の直径は約3m。型枠を組み立てて、コンク

図26　土壌埋設型バイオガスプラント発酵槽における投入有機物とガスの動き

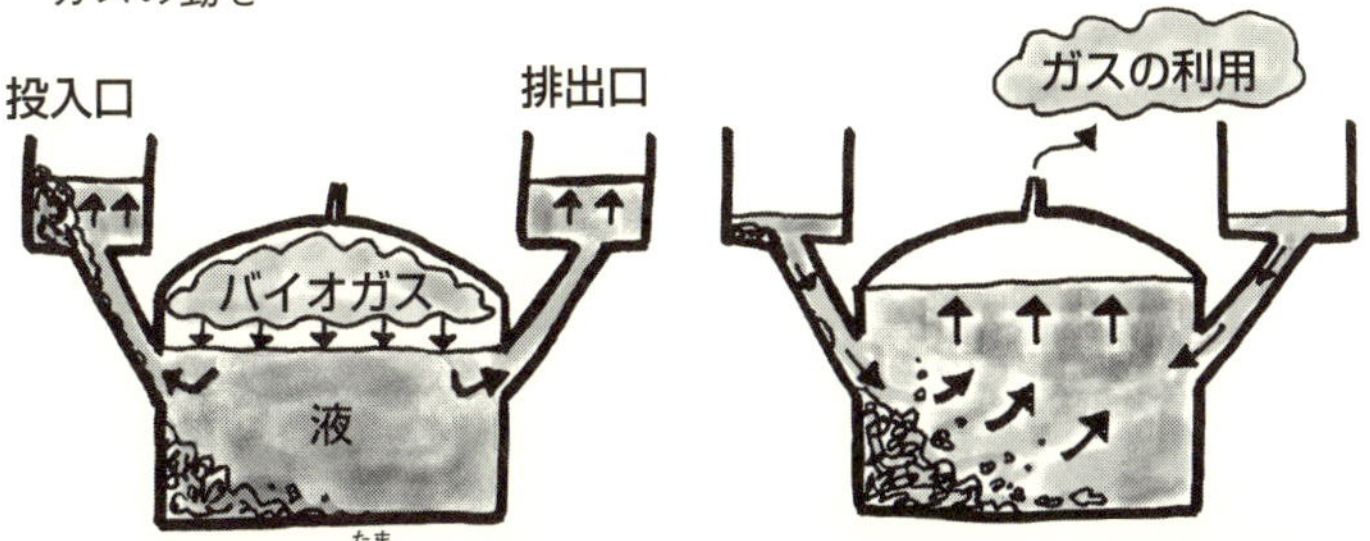

ガスが発酵槽に溜《たま》り、排出口・投入口の液面を押し上げる

ガスを利用(放出)すると液が発酵槽に戻ってくる。原料はこのとき中に入る。

(出典) 桑原衛「知恵の輪」(『ぶくぶく』第2号、1994年)5ページをもとに作成。

写真11　バイオガスが入ったガスバッグ(上)にガソリン発電機(下)を接続して行った発電のデモンストレーション

リートを流し込む。

図26は、バイオガスプラント発酵槽における投入有機物とガスの動きの模式図である。メタン発酵が進むとバイオガスが発生して圧力が上昇し、有機物投入口・液肥排出口の液面を押し上げる(左)。バイオガスを利用すると、圧力が減少して投入した有機物が吸い込まれ、発酵槽に拡散する(右)。

なお、写真11のように、ガソリン発電機で空気取入口からバイオガスを供給するように工夫すると、発電にも使える。1㎥のバイオガスを使って、発電効率25%で1・7kW時*の電気が得られ、家電製品や農業用機械・施設に活用できる。

小水力発電と水車

水は日本の風土にもっとも適した動力源である。中山間地を流れる川には高低差があるため、水量が安定した地域では数多くの小規模水車が江戸時代から、精米、製粉、茶もみ、わら打ちなどの地場産業や揚水に利用されてきた(図27)。

さらに、マイクロタービンを使って電気に変換すれば、電力の地産地消が可能である。水力で得られるエネルギーは、高低差が大きいほど、水量が多いほど大きくなるので、水が豊かな中山間地が最適だ。ただし、河川水、農業用水、工業用水、上下水道のいずれかを水力発電に

図 27　昭和初期に静岡県志太郡瀬戸之谷村（現在の藤枝市）の滝の谷川に沿って使われていた水車の分布図

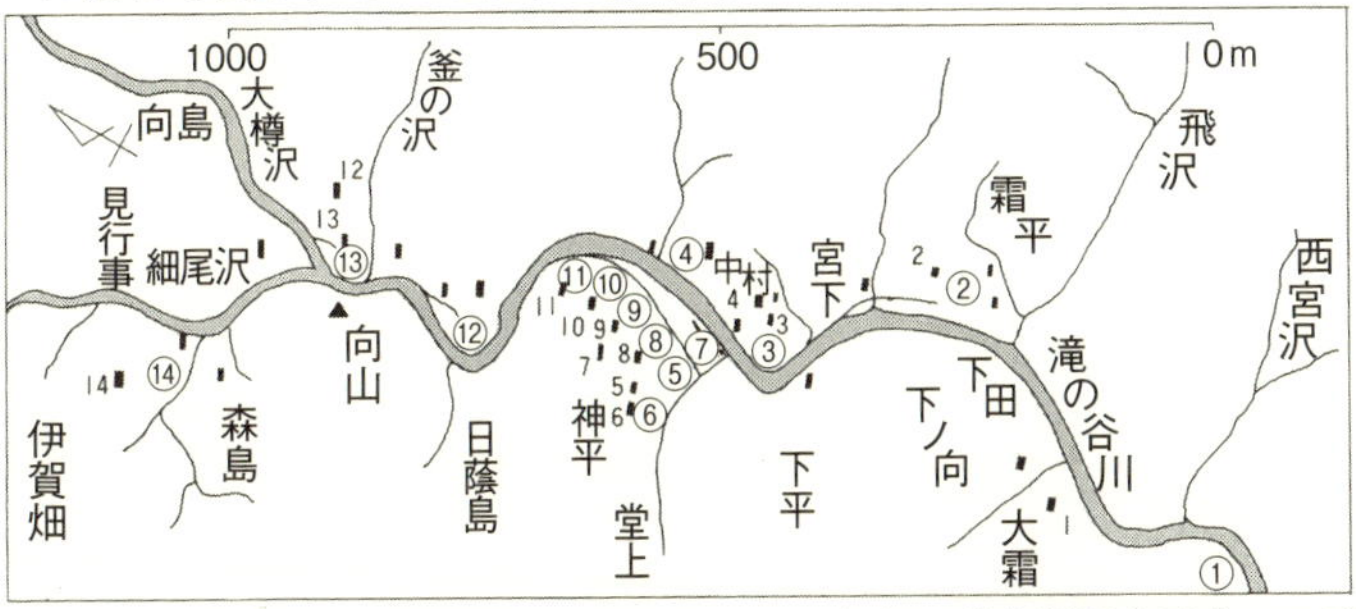

（注）①～⑭が水車、▮が人家。番号は人家と水車の所有関係を示す。▲は臼井太衛氏らがつくった水車むら。この事例では、茶の粗揉みと精米に使い、②と⑦は水田の灌漑水も水車に利用した。
（出典）室田武『水車の四季』日本評論社、1983 年、108 ページ。

図 28　縦軸フランシス水車の仕組み

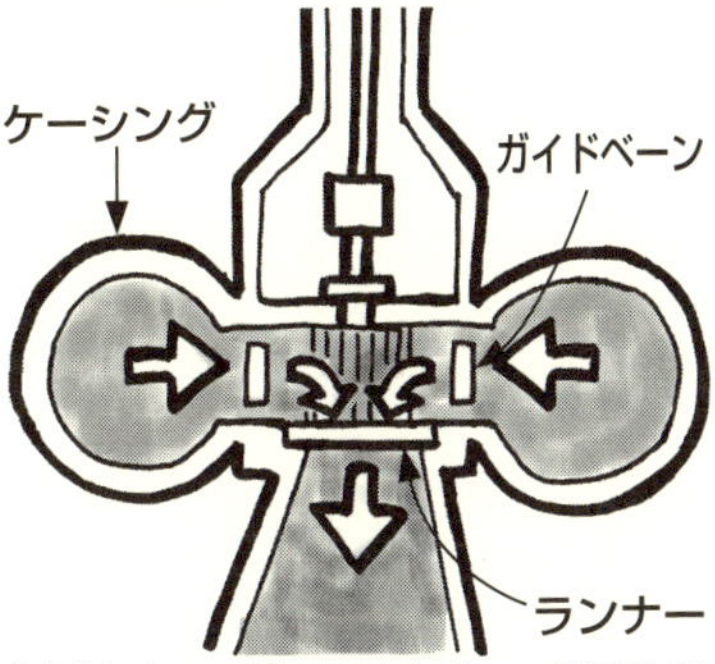

（出典）http://j-water.jp/hmc/042％20Turbine％20Gen.html#Francis をもとに作成。

利用するためには、河川管理者、水利権者、電気事業者との調整や申請、さらに水力を利用するユーザー間での協議など多くのハードルを越えなければならない。数十kW程度の水力発電を行うには1000万円単位の初期投資が必要となるので、資金繰りも必須である。

水車には、①ペルトン、ターゴインパルス、クロスフローなどの衝動型水車、②フランシスやプロペラなどの反動型水車、③伝統的な開放型水車の3つの型式がある。①は落差が大きい場合に、③は落

表９　那須野ヶ原土地改良区連合にあるおもな水車の型式と最大出力

名称	水車型式	有効落差（m）	最大水量（㎥／秒）	最大出力（kW）
蟇沼《ひきぬま》第一発電所	横軸フランシス	29	1.6	360
蟇沼第二発電所	横軸軸流プロペラ	16	1.6	180
百村《もむら》第一発電所	立軸カプラン	2	2.4	30

（出典）「那須野ヶ原土地改良区連合資料」。

差が小さい場合に適している。②はその中間に位置する。

図28に、縦軸フランシス水車の仕組みを示した。フランシス水車はもっとも一般的に使用され、80～90％を電力に変換できる。水は渦巻き状のケーシングからガイドベーンを通って水車に流れ込み、水車を回転させる。ガイドベーンは、水車の起動停止や流量の調整を行う。

表9に示したのは、栃木県の那須疎水（飲料・農業用水路）流域で扇状地の落差や用水の流れを利用したおもな小水力発電の例である。それぞれ数千万円から数億円の初期投資が必要であったという。

これに対して、２００万円程度で建設できるごく小さな水力発電が開発された。写真12は、岐阜県郡上《ぐじょう》市白鳥町石徹白《いとしろ》地区にある螺旋《らせん》型水車である（螺旋の直径90㎝×長さ３０５㎝、本体の重量１t以上）。年間を通じて流れている農業用水路に設置し、流量１秒あたり０・２

写真12　農業用水路にバイパスを設けて設置した螺旋型水車

m³、落差80cmで、常時出力は600Wだ。

限界がある太陽光発電・風力発電

太陽光発電では、実用的には10%を越える程度の変換効率しか得られない。そのため、雨や曇りの日が多い日本では利用に限界がある。また、夜には発電できないし、昼に発電した分の蓄電にも限度がある。さらに、1kWあたり約55万円もの導入コストがかかる。昼の使用量が多い公共施設などには適しているが、家庭における太陽光のもっとも有効な方法は、室内に太陽光を直接取り入れること(採光)かもしれない。

局地風が起こる地域では、風力の動力源や発電への利用は有効である。しかし、それ以外では、風力は頼れるエネルギー源にはならない。大型風力発電では、バードストライクや風切り音による問題が指摘されている(10ページ参照)。

飲み水の自給

塩素を使わない飲み水を自分で手に入れるには、昔ながらの浅井戸が簡単だ。井戸水は、天然のフィルターである土壌を数m浸透する際に浄化されている。雨水を素掘りの水路に流して地下に浸透させれば、地下水の涵養につながる。

井戸を汲み上げ続けても水が涸れないのは、井戸のまわりから水が供給されるためである。別の言い方をすれば、井戸は使い続けて常に負圧*を維持する必要がある。新たに井戸を掘った場合、しばらく使っていなかった井戸を再利用する場合、井戸用ポンプの能力を高めた場合、水が出なくなったり濁ることがあるが、使い続けて負圧を高めると解決できるようだ。それでも解決できない場合には、近くの業者に調べてもらおう。

沢水、家庭の雑排水、水田の灌漑水、河川水を飲み水に利用するときは、塩素を使わずに生物(おもに藻類)の力で水を浄化するのがよい(生物浄化法)。湛水に繁殖する珪藻や緑藻など藻類の栄養塩類の吸収によって水を浄化する仕組みである。

病原菌や有機物は、動物プランクトンや小動物のエサとなって除去される。原水を厚さ80㎝程度の砂の層に1日5ｍの速度で重力を使って浸透させる場合、1㎡あたり1日に5トン(＝5㎥)の水を浄化できる。砂が目詰まりしないかぎり、長期間利用できる。

生物浄化法では、まるで水田生態系のように、アオミドロ*やアミミドロ*などの緑藻、それらを食べるタニシ*などの貝類、そしてアカムシなどの小動物が繁殖するようになる。藻類は光合成で酸素を発生すると、その浮力で浮き上がってくる。浮き上がってきた藻類をオーバーフローさせるか、手で藻を除去すれば、藻が含む養分が系外に持ち出され、富化した養分を除去できる。藻は畑などの有機肥料となる。イネがないことを除けば、水田と同じ生態系が形成されるのだ。[7] ただし、以下の2点に留意しなければならない。
①水がなくなって、浄化の働きをする水生生物が死滅しないように注意する。
②塩素、合成洗剤や農薬が流入しないようにする。
なお、飲み水は、夏と冬の年2回は外注で水質検査[8]を行うとよい。

（1）伊東嘉文「薪ストーブと薪の燃焼・薪割り」『長野県林業総合センター技術情報』103号、2000年、8～9ページ(http://www.pref.nagano.lg.jp/xrinmu/ringyosen/04shiken/06tech/103/103-4.pdf)。
（2）前掲(1)。
（3）前掲(1)。
（4）Van Buren A., "*A Chinese Biogas Manual*", Intermediate Technology Publications, 1979.
（5）桑原衛「知恵の輪」『ぶくぶく』第3号、1995年、4～6ページ。
（6）桑原衛「コロンブスのたまご流⁉硫化水素を除く方法」『ぶくぶく』第7号、1996年、7～8ページ。
（7）中本信忠『おいしい水のつくり方――生物浄化法―飲んでおいしい水道水復活のキリフダ技術』築地書館、2005年。
（8）ミネラル、病原菌、重金属など28項目の分析(pH、味、臭気、色度、濁度、塩素イオン、一般細菌、大腸菌群、有機物等、硝酸性窒素・亜硝酸性窒素、硬度、蒸発残留物、鉄、銅、鉛、亜鉛、カドミウム、水銀、ひ素、六価クロム、マンガン、シアン、フッ素、フェノール、陰イオン界面活性剤、有機リン、一般細菌、大腸菌)で、1回3万5000円程度。

8 農地・里山の自然再生

自然と共生した農業

春になると、アカガエル類、トノサマガエル、ダルマガエル類などが産卵のために水田にやってくる。産卵には水たまりが必要だから、卵が孵《かえ》ってオタマジャクシ*になるころには、水田に水を溜めて、オタマジャクシがエサを捕れる環境を用意しよう。

夏には、オタマジャクシ、ヤゴ*、水田で育ったさまざまな水生動物の幼虫が、成虫になる。水田の中干し*を行う場合には、オタマジャクシやヤゴが成虫になってからにしたい。

秋に稲刈りが終わると、アキアカネ*が水田に卵を産みに来る。アキアカネは水たまりがないと卵を産まない。

図29　ビオトープに産みつけられたトウキョウダルマガエルの卵

小さくてもよいから、水たまりをどこかに残しておこう。

水田が用水を通じて河川とつながっていると、コイ、ナマズ*、フナなどの稚魚やメダカ*が入って来て、水田は川魚のゆりかごとなる。なお、「つながっている」というのは、親魚が遡上できるという意味である。遡上できない段差などがあると、魚にとっては、つながっていることにならない。

畑の場合は、ムギ類やナタネなどの冬作物を育てると、ヒバリ*がそれらの中で子育てをできる（図30）。

図30　コムギ畑のヒバリのヒナ

生け垣、防風林、果樹、乾果（65ページ表5）などの木を植えると、いろいろな鳥がやってくる。これらの木は、鳥にとって、サシバ*やノスリなどの天敵からの隠れ家となる。スズメはイネとムギ類の収穫時期には害鳥だが、それ以外の時期には害虫や雑草の種を食べる。

農薬に弱い生きものが多いなかで、ある種の雑草や微生物は、種や胞子などとして10年以上生き延びることができる。有機農業の継続によって、イチョウウキゴケやミズアオイのように農薬に弱い種が再生する場合がある。

ここにあげたのは、ほんの数例だ。生きものに配慮した農業によって、農地に独自の生態系が形成されていく。

生物多様性を育む農村とは

里山とは、人が燃料、餌、肥料、建築材、食料などを得る目的で計画的に利用してきた、通常は歩いて行ける距離にある山や傾斜地を指す。屋敷や農地と里山をセットにして里地と呼ぶ場合もある。一方、奥山とは、日帰りでは歩いていけない遠い山を指す。

人が農業や生活のために自然に対して行う営みが、結果として生きものの繁栄につながってきた。たとえば、多くのお米を得るために谷にある湿地に開墾した谷津田《やつだ》(谷戸田《やとだ》)を考えてみよう。谷津田では、水田、用水路、溜め池と里山が隣接しているので、カエルが増殖し、カエルをエサとするサギ、ヘビ、サシバ、イタチなどの捕食者も増え、トンボも繁栄した。こうして、水田が広がるにつれて、日本は世界有数の両生類とトンボの種が豊かな国となっていく。戦前はもちろん、農薬は使われていない。

木を伐採した後に薪炭林(主として落葉樹)が放置されると、競争力の強いネザサやササ*が林床に優占する。これらを人が燃料や餌として刈り取ると、林床《りんしょう》*に早春から新緑の季節に光が届き、ツツジやカタクリ*などさまざまな植物が育った。

ここで重要なのは、人が里山を持続的に利用することだ。持続的とは、適度で計画的な利用

図31　里山の模式図

（注）武内和彦・鷲谷いづみ・恒川篤史編『里山の環境学』（東大出版会、2003年）3ページをもとに作成。

である。そこでは、「何月何日以前は入山禁止、草刈り禁止」「山菜は5本に1本は残す」などきめ細かい取り決めが必要だった。一方で、過度に利用された場合には、里山が禿げ山になってしまったケースも少なくない。

基盤整備が行われる前には、湿田、乾田、畑、畦、庭木、防風林、生け垣、藪などさまざまな植生が屋敷と農地に混在していた。里山には、薪炭林のほかに、餌や肥料用の草刈り場、茅葺《かやぶ》き屋根の材料のための茅狩り場などが存在していた。しかも、薪炭林は計画的に伐採されていたので、場所によって再生後の年数（樹齢）が異なる。こうしたそれぞれの構成要素をパッチ*という。

農地と里山に多くのパッチから成るモザイクが形成され、それぞれのパッチに適応した生きものが繁栄した。いずれも、人が多目的に利用したことが重要である（図31）。

9 第一次産業を中心とした地域の再生

地域主権に必要な理念

石油が大幅に不足して、配給制が採用された社会では、長距離輸送が困難となる。長距離輸送が困難になれば、先述したようにメガシティは崩壊をたどると考えられる。それは、経済やモノの動きにとどまらず、自治にも影響するであろう。すなわち、首都圏に集中している情報や政治が地域に移行して、地域が主体性をもって自治を行うようになるかもしれない。理由はどうあれ、日本が中央集権国家から地域主権体制に移行できるとしたら、きわめて望ましい。その際、以下のような理念が重要になる。

第一に、風土への着目だ。ここでは、風土を「地域の自然と人の生活、産業活動が相互に影響を及ぼしてきた結果として、形成された、歴史的な産物」と定義する。そこには、農地、里山、沿岸地域、河川、湖沼・溜め池、集落、地域性、伝統文化、食生活、方言、景観などが含まれる。各地域にはそれぞれの風土があり、現在の風土は、過去の積み重ねの上に成り立ってきた。地域を中心に、生活、経済、自治、文化を継承・発展させるには、風土の特徴や歴史の十分な理解が出発点となる。

第二に、信頼できる人の輪（ネットワーク）だ。しかも、閉鎖的ではなく、外部に対して開かれたネットワークである。農村と都市の交流を進め、菜園への定期的な訪問者や新規移住者など外部からの参入者に対して開かれていなければならない。

第三に、自立性・自律性だ。自立とは、それぞれの地域が自らの力で生活、経済、自治、文化に関する活動を行うことであり、別の言い方をすれば、外部からの助けがなくてもやっていくという気概をもつことである。自律とは、規範をもって自らを律し、法律的に問題がないだけでなく、社会的・倫理的にも受け入れられるように行動することである。

第四に、地域間の連携だ。凶作や自然災害など、自然は時として牙をむく。情報交換はいうに及ばず、まさかのときには離れた地域間の助け合いが必要になる。

都市近郊有機農業モデル

埼玉県比企郡小川町の金子美登《よしのり》氏は、農家の自給自足の延長線上に消費者を位置付けるという理念のもとで、有畜・多品目少量生産の有機農業を1971年から行ってきた。金子氏の農地は水田150a、野菜畑140a、果樹園10a、山林300aから構成され、米（食用米・酒米）120a、小麦120a、ダイズ100a、バレイショ15a、サツマイモ8a、野菜（約

60品目)100aと、乳牛・肉牛3頭、採卵鶏150〜200羽、合鴨70羽が生産・飼育されている。里山は育苗用の落ち葉、シイタケ原木、風呂・暖房用の薪に利用する。生産物は、30戸の消費者、直売所、造り酒屋、豆腐屋などに販売している。

金子氏は、家族が生計を立てるだけが有機農業の目的ではなく、地域経済への波及に価値があると考えてきた。食品加工業との最初の出会いは小川町内の造り酒屋だ。有機米で造った日本酒(ブランド名:おがわの自然酒)が、1988年から造られている。また、コムギ(品種:農林61号)を使った乾麺がやはり小川町内で、大豆と小麦を使った醤油が近隣の町のメーカーで生産されるようになった。

その後、有機栽培のダイズ(品種:おがわ青山在来)を隣町の豆腐屋が全量買い取りする。その豆腐屋は有機豆腐を頂点にさまざまなダイズ製品を製造・販売し、週末は来客で大盛況である。さらに、お米(品種:コシヒカリなど)は、さいたま市のリフォーム会社が全量を社員のために買い取った。精米・出荷を担当するのは、地元の米屋だ。いまでは集落の30haの水田がほぼ有機栽培され、出荷する農家は買い取り価格(1俵2万4000円)に満足している。

このようにして、金子氏が取り組んできた有機農業が地域の食品産業の再生に大きな助けとなり、集落も再生した。換言すれば、有機農業を橋渡しとして人びとが手を取り合うことで、地域経済や集落が再生したモデルといえる。

中山間地有機農業モデル

ＮＰＯ法人ゆうきの里東和《とうわ》ふるさとづくり協議会（以下、ゆうきの里東和）は、福島県旧東和町（現在は二本松市）で、２００５年に12の既存団体を発展的に改組して設立された。最大のきっかけは、「平成の大合併」で旧東和町が二本松市に実質的に吸収合併され、地域が衰退する一方になるという危機感をもったことである。旧東和町は青年団活動が盛んで、その中心メンバーは徹底した討論を行い、組織の運営方法を学んだ。彼らは地域で活動を継続し、ゆうきの里東和の設立でも中心メンバーとなった。

ゆうきの里東和の特徴は、収益を生む事業部門に加えて、地域おこしや、本来なら行政が担うべき機能の代替など、必ずしも収益につながらない活動を行っていることにある。具体的にみてみよう。

たとえば、地域特産物の利用を担当する特産加工推進委員会、道の駅と併設する食堂を運営するあぶくま館店舗委員会、堆肥センターやスーパーの直売コーナーの運営と学校給食を担当するゆうき産直支援委員会は、収益事業を担う「ものづくり企画部」に所属する。これに対して、「まちづくり企画部」は必ずしも収益にならない事業を担当する。学生の受け入れ、都市との交流、新規参入者の支援は交流定住促進委員会が、地域文化の継承、高齢者の技の伝承、

表10　ゆうきの里東和の概要

理事会・総会	ものづくり企画部	特産加工推進委員会	クワ、イチジク、エゴマなど地域特産物利用
		あぶくま館店舗委員会	直売所で農産物の販売、食堂で地場産品や郷土食の利用
		ゆうき産直支援委員会	堆肥センターの運営、学校給食への食材納入、スーパー・生協における直売コーナーの運営
	まちづくり企画部	交流定住促進委員会	学生の受け入れ、都市との交流、新規参入者の支援
		ひと・まち・環境づくり委員会	地域文化の継承、高齢者の技の伝承、健康づくり、食生活指導
	商品政策(戦略)委員会		商品の企画開発・販売戦略
	事務局		総務、施設管理、土壌検査、放射能検査

健康づくり、食生活指導はひと・まち・環境づくり委員会が担っている。これらとは独立に、商品政策(戦略)委員会がある。

それ以外の業務は事務局が担当し、福島第一原発事故以降は農産物の放射能検査もいち早く導入した。理事会や総会が組織を束ね、最終決定を行うのは、他の組織と同様である(表10)。

道の駅やスーパーの直売コーナーで販売する野菜は、「東和げんき野菜」というブランドで販売している。生産のおもな担い手は高齢者であり、有機栽培や特別栽培の認証取得は事務的な負担が大きいことに鑑み、以下のように申し合わせた。

①地元産堆肥を50%以上使用する(理想は100%有機質肥料)。
②農薬は極力使わない。
③栽培履歴を提出する。
④事務局は年に1回、土壌の簡易診断と葉物野菜

に含まれる硝酸イオン値を検査する。

この東和げんき野菜は認定後、シールを貼付して販売している。全国の規格基準に合わせるのではなく、地域の事情に合わせた野菜の生産・販売を行っているのが特徴である。

事業売り上げ高は年間2億円程度（道の駅は９０００万円程度）で、売り上げだけでみれば、ここを上回る道の駅や直売所はいくらでもある。しかし、交通量の多い国道やバイパスがなく、中心商店街がシャッター通りとなっている典型的な中山間地において、道の駅や食堂が繁盛して地域の雇用を維持している意義は非常に大きい。さらに、ひと・まち・環境づくり委員会に象徴される、お金にならない役割まで担い、農業への新規参入者は20人を超えようとしている。青年団時代からの人づくり、人と人のつながりが大きく発展した、中山間地の有機農業モデルといえよう。

エネルギーの自給モデル

現在の日本では、都市も農村も社会や生活全体がエネルギー多消費型となり、ガソリン、ガス、電気、水道、下水道などのいわゆるライフラインに支えられている。エネルギーや飲み水の生産・供給を専門家（第三者）に依存しており、全体像が見えない。停電や断水といったトラブルがないかぎり、ほしいだけ使えるので、多消費型になるのは当然だ。しかも、日常はライフラインのメンテナンスを専門家がやってくれるので、本当に便利である。

ただし、それを保証するには、長距離にわたって網の目のように張り巡らされた配管・配線が必要であり、エネルギーや水を送る設備にもエネルギーを使っている。こうしたライフラインは自然災害にきわめて脆いことが、東日本大震災で証明された。ライフラインへの依存を断ち切り、エネルギーを自らの手や地域でまかなう社会へ転換してこそ、足るを知ることができるし、災害に抵抗力をもつ社会になる。

再生可能エネルギーは重要だが、風力発電は適地が限られる。また、小水力発電は個人には高価で、集落や地域で設置するには時間と費用がかかり、まだまだ点の存在だ。さらに、エネルギーの地域自給を図るには節約がもっとも重要だが、石油文明にすっかり毒されてしまったせいか、エネルギー節約のモデル地域は存在しないように思われる。以下では、個人で可能な取り組みと、地域自給モデルとして1950年代の状況を紹介しよう。

①個人レベルにおける脱原発の手段としての太陽光発電

前述したように、太陽光発電は決して効率がよくないし、コスト的にも安くない。しかし、一定程度の電力を使いながらも、電力会社と縁を切って個人レベルで脱原発を図り、電力の自産自消を始める手っ取り早い方策は当面、太陽光発電しかない。そこで、太陽光によって発電できる範囲で電力を消費し、電力会社からは買わないという、電力の自産自消について、シミ

表11　おもな家電製品の1カ月あたり電力消費量の試算

おもな家電製品	使用単位	使用電力	使用頻度	電力消費量(kw時)
洗濯機	回数	0.33 kw / 回	2回 / 日	20
冷蔵庫	時間	0.044kw	12時間 / 日	16
照明	個数・時間	0.015 kw	10個×2時間 / 日	9
テレビ	個数・時間	0.10 kw	1台×1時間	3

(注) 石川県金沢市の平均的な気象条件を想定。計算にあたっては、生活知恵袋(http://www.seikatu-cb.com/kounetu/index.html#siyou)を参照した。

ュレーション(試算)してみよう。

まず、次の6つを前提条件として、消費電力を試算する。

①夜のパソコン、電話・FAX、照明のためには、蓄電池(1)を使う。

②夜は早く寝る。

③冷凍庫は製氷機として使い、冷凍食品は利用しない。

④冷蔵庫の電源は昼の12時間はオンにするが、夜はオフにして、昼に作った氷で冷やす。また、寒冷地では冬期間は冷蔵庫を使用しない。

⑤洗濯機は昼に使う。

⑥エアコン・電子レンジ・電気掃除機・ホットプレートなどは、電力が余ったときだけ使う。

すると、おもな電気製品の1カ月あたり電力使用量は、洗濯機20kw時、冷蔵庫16kw時、照明9kw時、テレビ3kw時で、合計は48kw時となる(表11)。

次に、発電量を試算する。晩秋から冬に日射量が少ない日本海側(金沢市)を想定し、設置するのは1kwのソーラーパネルとすると、[2] 1カ月あたり45～110kW時、平均で80kW時の電力を得られる（1カ月45kW時は、1日に平均1・5kW時発電したことを意味する）。晩秋から冬にかけて発電量の少ない地域でも、もっとも少ないときにテレビを見なければ、電力が足りる計算になる。ただし、これらは机上の計算なので、実践に基づく検証が必要である。

図32　1955年から2005年までの人口1人あたりエネルギー消費量の推移（単位：億ジュール）

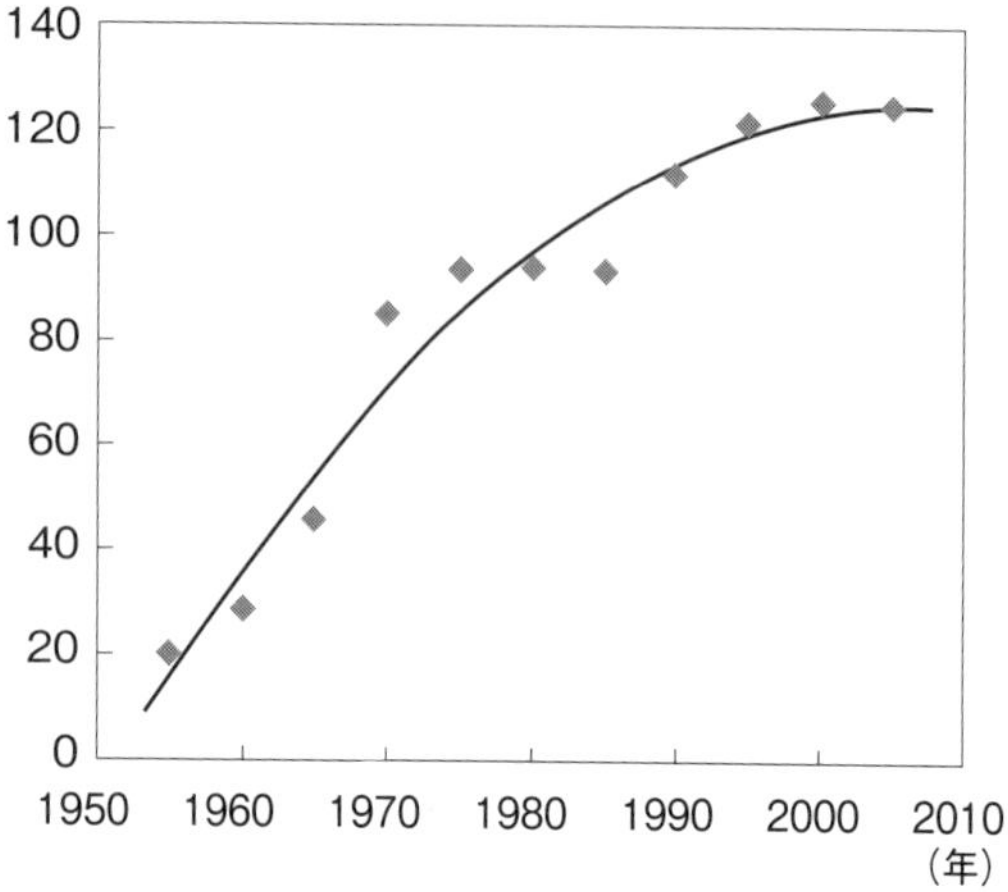

（出典）資源エネルギー庁長官官房企画調査課編『総合エネルギー統計 平成11年度版』（通商産業研究所、2000年）、http://www.enecho.meti.go.jp/topics/hakusho/2010energyhtml/2-1-1.html、http://www.stat.go.jp/data/nihon/02.htm から、著者が作成。

また、電気自動車については、たとえば三菱自動車のi-MiEVを例にとると、フル充電に20kW必要であるが、200kmも走行できない。したがって、家庭のソーラーパネルでは、とてもまかなえない。

②エネルギーの地域自給モデルとしての1950年代[3]

1950年代のエネルギー使用量は現在の10分の1以下であり（図32）、今後の節約の目標となる。

当時は、かまど、囲炉裏、風呂の燃料はほとんどが薪で、炭は多くが販売用だった。風呂を毎日わかすこともほとんどなく、数軒の家が交代で風呂をわかし、もらい湯をするのが普通だった地域もあるという。

高低差がある中山間地で、小河川の水や農業用水が利用できる場所には、多くの水車を設置した。もっとも多く利用されたのは、精米と灌漑水の汲み上げである。そのほか、各地の地場産業を反映して、製茶、製材、製粉など多様であった。地域によっては小規模水力発電も試みられ、電灯に利用した。なお、役畜、薪や炭と比べて、水車の消滅がもっとも早い。電動精米器の導入が直接のきっかけで、時期は１９５０年代以前から１９５０年代後半まで、地域によって異なったようである。

耕耘機が導入されるまでは、どこでもウシやウマは役畜で、耕耘、代かき、荷物の運搬などに使った。当然ながら、役畜に餌は必要だが、化石燃料はいらない。家畜が足りない農家から耕耘などの作業を受託して、米で作業賃を受け取ることがよくあったという。

江戸時代から学ぶ⑷

よく知られているように、江戸時代は衣食住すべてが完全な循環型社会であった。たとえば、イネを収穫後のイナわらの利用はきわめて多様である(カッコ内は現在にあてはめたもの)。

笠（帽子）、蓑《みの》（コートや雨合羽）、わらじ（スニーカー）、俵（米袋）、酒樽や米びつのこも（保温用の断熱材）、弁当箱、わらづと（納豆の包装）、屋根、畳、むしろ、土壁の補強剤。また、竹はざる、味噌やお茶こし、火吹き竹、傘の骨などの工芸品・日用品・おもちゃに利用し、皮は食品などの包装に使った。

衣服は、大麻やチョマ*（カラムシ）などのアサ、ワタ*、フジ*、コウゾ*、クズ*、キヌ*など自然の素材で織った。囲炉裏は煮炊き、暖房、防虫目的も兼ね、きわめて合理的にできている。かまどの灰の用途は、アルカリ肥料、お酒の醸造過程における殺菌、コウゾから和紙を作る際やキヌの精錬工程での不純物の除去、染色の補助剤、焼き物の釉薬《うわぐすり》、洗剤と、非常に広い。

夜の照明は、菜種油、綿実油、鯨油などを使った行灯《あんどん》が中心だ。ハゼやウルシなどウルシ科の実から作った和ろうそくは超高級品だった。どちらを使っても、いまの電灯よりはるかに暗く、囲炉裏の火が照明としてもっとも明るかったという。

前述した三富新田だけでなく、江戸周辺の武蔵野台地にはクヌギ、コナラ、クリ、シイなどが植えられ、薪や木炭に利用された。以前ススキ原だったところへの意識的な植林によって森林面積が増加し、その後も持続的に維持されていったのは、世界の歴史において特筆すべきことである。古代西洋文明は、木を切ることによって滅亡の道をたどったのだから。紙の原料に使うのはコウゾやミツマタなどの樹木の新梢（新しく伸びた枝）だけなので、森林がなくなることはなかった。

人糞尿が貴重な肥料資源として売買されたのは、よく知られている。江戸では、慢性的な品不足（供給より需要が多い）であったという。江戸周辺の農地は人口100万人分の排泄物を完全活用していたのだ。その証拠に、隅田川河口では白魚*が獲れたという記録が残っている。これとは対照的に、同時代のロンドンやパリは人糞尿が道路や河川に直接廃棄されたため悪臭がすさまじく、ペスト*がしばしば流行した。循環型都市・江戸は先進的な都市でもあったことがわかるだろう。

リサイクルがうまく機能した大きな理由は、回収と修理・再生を行うさまざまな仕事が「小さなビジネス」として成立したからである。たとえば、提灯《ちょうちん》の張り替え、錠前（鍵）・そろばん・めがね・こたつやぐらなどの修理、包丁研《と》ぎ、古着・雨傘・かまどの灰の販売などで生計を立てる人たちがいた。現在のように、リサイクルのために税金を投入したわけではまったくない。

また、沿岸漁業で十分な収穫を得られたので、沖合や遠洋へ出かける必要はない（もちろん、そのための動力もなかった）。海上や河川を使った運搬を除き、ほとんどの移動と運搬は徒歩か役畜によって行われていた。

このように江戸時代は、太陽から得た原料とエネルギーを使った完全循環型社会を実現し、再生できない資源やエネルギーはほとんど使っていなかった。しかも、当時の欧米諸国のように植民地からの搾取なしに、それを実現していた。これは世界の歴史に誇るべきことである。

そのすべてを現在に取り入れられるわけではないが、部分的には大いに参考にしたい。

ただし、江戸時代を美化するつもりはない。武士という支配階級がいて、農民が搾取されたことは否定できない。また、地震や火山の噴火、そして三回の大飢饉（1732年の享保《きょうほ》の大飢饉、1782～87年の天明《てんめい》の大飢饉、1833～39年の天保《てんぽう》の大飢饉）による多くの餓死者という負の側面があったことを、付け加えておく。

（1）電気は貯蔵できない。蓄電池は電気を化学エネルギー（起電力）に変えて間接的に貯蔵しているにすぎない。しかも、容量に限度があり、価格も高い。鉛蓄電池の場合、1kW時あたり50万円弱である。また、家庭用のリチウムやその他の種類の蓄電池は商品が限られているようだ。

（2）1枚0・25kW、1・285㎡とすると、1kWの太陽光発電には、市販のソーラーパネルが4枚必要だが、専有面積は5・14㎡にすぎない(http://www.solar-post.jp/solar/sanyo-hit_2.html の NKH215 の場合)。

（3）多辺田政弘・藤森昭・桝潟俊子・久保田裕子著、国民生活センター編『地域自給と農の論理――生存のための社会経済学』学陽書房、1987年。

（4）石川英輔『大江戸リサイクル事情』講談社、1994年。

10　地域で自然に寄り添って生きる知恵

自然資源大国の日本は、1950年代までは豊かな自然ストックを活用した生活を送ってきた。自然ストックとは、きれいな空気や水、健康によい食べもの、肥沃な土壌、種苗・家畜、適切に管理された里山や水系、農地や里山の豊かな生物多様性などで、お金やモノのフローに依存した石油文明とは好対照である。

土を育み、作物を育て、家畜を飼う。里山を持続的に利用する。海沿いで沿岸漁業や養殖を行う。このような、石油などの地下資源に頼らずに、食料、エネルギー、水を再生産して地域で生きていく知恵を、現代人はすっかり失ってしまった。自産自消と地域自給を進めるには、自然に寄り添い、地域で生きていくために必要な知恵を復活させなければならない。

農地・土壌、里山、沿岸地域は、かけがえのない財産

大気、外洋、南極は、どこの国にも属さないが、人類にとってかけがえのない財産である。人は、大気なしには5分たりとも生きられない。外洋の水は蒸発して雲、さらに雨となる。そ

して、大気中の二酸化炭素を吸収する。南極には固有の生物が棲息するだけでなく、陸上の淡水の61％を占める。南極の淡水はすべて氷だが、仮に南極の氷がすべて溶ければ、およそ50ｍは海面が上昇するとされる。南極の氷が氷のままであることが重要なのだ。このように、所有権はなくても人類に対してプラスの貢献をしている公共性のある財産をコモンズと呼ぶ。

明治政府によって土地所有について私有と国有の厳密な線引きが行われるまで、地域が共同利用する土地が各地に存在した。こうした入会地《いりあいち》は、薪炭林、用材林、落ち葉の採取地、家畜の餌や茅葺き屋根のための草刈り場、河川敷、放牧地などとして、地域によって共同で管理・利用・運営されてきた。いわば、ローカルコモンズである。地域に所属しない部外者には利用する資格がなく、ただ乗りする者や利己的な者を排除して、持続的に運用されてきた。

農地・土壌は、生存に不可欠な食料の生産基盤である。里山は、燃料、家畜の餌、有機物、食料などを供給する。沿岸地域は、魚、貝、海草を生産する。さらに、これらは大気や水を浄化し、蒸散*と緑陰によって周辺の温度を下げ、湿度を高め、生物多様性に貢献する。公共的な役割を果たす、地域にとってかけがえのない財産である。

こうしたローカルコモンズを持続的に管理・利用できる制度をあらためてつくっていきたい。具体的には、明治政府以来の厳密な私的所有制度を見直し、農地、里山、沿岸部は地域の共有とし、農家は農地を耕作する権利、漁業者は沿岸地域で漁業する権利、地元住民は里山を利用する権利（以下、利用権）を、それぞれもつようにする。利用権をもつ者は、同時に適切に管理する責任を果たさなければならない。また、この利用権は、親から子どもへの世代継承に限らず、地域でやる気がある者や新規参入者に譲渡するシステムへ転換すべきだろう。

互いに助け合う社会を取り戻す

グローバル経済に組み込まれた日本社会でも、お金に頼らないモノのやりとりが農村には残っている。もともと、農村は助け合いによって生きてきた。縁故米*はその一例だ。

田植えとその後の除草は、もっとも人手がかかる。だから、労働の相互扶助である結《ゆい》*が各地にあった。そこには、現金は介入しない。労働の貸し借りによって運営されてきた。道路や用水路などインフラの維持・管理は、村人たちの共同作業である。銀行や農協の金融部門が生まれるまでは、地域が運営する頼母子講《たのもしこう》*や無尽と呼ばれる相互金融組織が存在し、集落が拠出したお米や少額のお金を、必要とする人に入札で融通した。いまでいえば、バングラデシュのグラミン銀行のようなマイクロファイナンスである。結や頼母子講を通じて、地域に相互扶助の意識が生まれ、さらに自立・自助を形成できる。

また、すでに述べたように土蔵による食料備蓄は重要だが、土蔵には建築コストがかかる。したがって、個人だけの備蓄には限界があり、地域で計画的に備蓄する必要がある。

江戸時代の例を紹介しよう。浅間山(長野県と群馬県にまたがる)と岩木山(青森県)、さらにアイスランドで2つの火山が1783年に噴火したことがきっかけとなり、7年間の長きにわたっておもに東北地方で凶作が続いた。天明の大飢饉である。1780年代には、日本の人口が100万人近くも減少したそうだ。当時の米沢藩（現在の山形県置賜《おきたま》地方）では、すべての蔵を開いて領民に米をはじめとする穀物を放出し、辛うじて餓死者を出さずにすんだという。

小・中学校では、こうした歴史や地域の自然、さらには自産自消や地域共同体で生きる理念とノウハウを教えるべきである。

1950年代の暮らしに学ぶ

1950年代には、地域資源を活用した農林水産業が全国各地で行われていた。それを知るのは、おおむね80歳前後のお年寄りである。石油文明に毒される前の、地域資源に依存して自然に寄り添った農林水産業や暮らしの知恵をお年寄りから学んでいきたい。

たとえば、山形県置賜地方（米沢市、南陽市、川西町、高畠町）の平坦地農家の平均的な暮らしは次のようであったという（1）。

①農業

稲刈り後の10月下旬、約10ａの田に牛に鋤《すき》を引かせてV字の排水溝を切り、自給用のオオムギの種をばら播きする。覆土はしなかったが、鳥の食害はなかった。3～4月になって雪が消えると、ほうきで雪の中からオオムギを掻き出した。6月上旬に刈り、杭掛けにして自然乾燥した後、脱穀、唐箕がけをし、隣町の業者で精麦・圧ぺん*をした。大麦には、堆肥や有機肥料は一切施用しなかった。収穫後は、すぐに牛を使って鋤で起こし、代かき後、6月下旬に田植えした。

オオムギとイネを同じ田に作る二毛作は労力的に限界があるので、それ以外にはイネだけを育てた（一毛作）。3月に雪が締まったときに厩肥をソリで田に運んでおく。畦塗りは雪解け水を溜めて行った。4月に田全体に厩肥を散らした後、牛を使って鋤で起こした。しばらくは水を入れずに土を乾かし、乾土効果*で地力が稲に供給されて生育がよくなるようにした。苗代の準備は4月に入ってからで、10～15日に苗代に種籾を播種した。5月下旬に2回にわたって牛を使って代かきし、田植えは6月上旬。その後、手取り除草を2回行った。

稲刈りは10月中旬で、杭掛けして自然乾燥。わらも籾殻も貴重な収穫物なので、わら付きのまま自宅脇まで運び、脱穀した。足踏み脱穀機で脱穀後、業者に籾すりをしてもらい、俵に詰めて農協や米殻業者に出荷した。自家用の籾は出荷先で精米した。畦にはダイズや小豆を育て、ダイズは味噌に、小豆はおはぎや赤飯に利用した。

稲作には灌漑水が重要で、水が取り合いになることは日常的。自分や集落の田んぼに水が入るように、夜は水の見回りを交代で行った。除草剤（2，4-D、PCP）、殺虫剤（除虫菊、パラチオン）、殺菌剤（水銀剤）、化学肥料（硫安）を使っていた。

②養蚕

年に4回、繭の生産を行った。そのために必要な桑畑を所有し、カイコの飼育時期には母屋の中心をカイコが占拠した。

③家畜

普通の農家では、役肉兼用のウマかウシを1~2頭飼っていた。母屋の一角(厩《うまや》)で飼われ、まさに家族の一員であった。5~6年間飼った後、ふすまで肥育して出荷し、現金収入とした。餌は、イナわら、畦草、河川敷の草に加えて、米ぬかや残飯。オオムギわら、イナわら、茅を敷料とした。踏ませた厩肥は月に2~3回搬出して、春まで野積みする。ニワトリが数羽いることが一般的で、ウサギが2~3羽、ヤギが1頭飼われていることも珍しくなかった。

④人糞尿

尿と糞を分離できた場合には、尿を田畑にある肥溜《こえだ》めに運んで発酵させ、液肥として利用した。糞と尿を分離すると、尿を液肥として利用できるが、そのためには厩に傾斜を付けて尿だけを集めなければならない。分離できなかった糞尿は、野積みの厩肥に混ぜた。

⑤わら

貴重な資源で、俵、わらじ、冬用の長靴、縄、家の敷物などを冬に作った。

⑥食生活

主食は、篩《ふるい》から落ちた二番米、オオムギ、ジャガイモ、カボチャである。カボチャは近くの川の堤防で育てた。ダイコンや漬け菜で増量した糧飯《かてめし》もよく食べた。秋にはクリやクルミを拾う。肉を食べるのは年に数えるほどだった。卵は病人の滋養食と考えられ、現金収入の足しにするため販売したから、自家消費は限られていたのだ。台所の流しの下でコイを飼う家庭も珍しくなかった。2~3年間、残飯などで飼った後、食用とした。

⑦飲料水

上総《かずさ》掘り＊で深さ100mから自噴した井戸を使った。汚れを落とすために利用したのは、灰、米ぬか、サイカチ＊のさや（天然石けんの一種）だ。もちろん合成洗剤はない。

⑧エネルギー

おもな燃料源は薪である。そのほか、こたつと囲炉裏には炭を、炊飯には籾殻を使った。秋になると、10㎞くらい離れた里山の地主と交渉して4反ほどの立木（ほとんどがミズナラ）を現金で購入し、地際から切り落とした。3月ごろになると雪を使って滑り落とし、90㎝ほどに切ってソリに積み、人力で家まで運んだ。そして約30㎝に切り、さらに縦に裂いて、日当たりのよい場所に積み上げ、雨よけにわらをかぶせて、夏まで乾燥させた。畦にはハンノキを植えて、燃料にした。ミズナラとハンノキで、秋から一年間使用するのに十分な薪が確保できた。炭は業者が売りに来た。夜の照明には電気を使ったが、プロパンガスや灯油はまだなかった。

⑨交通・運搬

交通手段はほとんどが徒歩で、一日に30㎞歩くことも珍しくなかった。荷物の運搬は、雪が締まった時期はソリ、それ以外の時期は大八車（図33）であった。バスは午前と午後に2本ずつで、マイカーもタクシーもなかった。自転車はあったが、道路が舗装されていなかったのでよくパンクした。

⑩経済状況

米の販売がもっとも重要な収入源で、次が養蚕。また、面積が広い農家の田植えや手取り除草を手伝って、日銭を稼いだ。

おもな現金支出は、教育費、薪・炭の燃料代、衣服、農薬・化学肥料、農具、塩、黒砂糖、海の魚など。電気代は電灯だけで、家電製品は皆無だった。農薬や化学肥料の支出も多くはない。借金が必要な場合は、金持ちの農家に頼みに行く。無尽はもうなかった。

図33　大八車

暮らしは決して豊かではなかった。最大の理由は、食料難の時代で、政府が供出米*制度によって1954年まで強制的に米を安く買い取ったからである。米の買い取り価格が正当であれば、農家の暮らしはもっと豊かで、ゆとりをもてただろう。

⑪家

改築は150～200年に1回、行ったという。

⑫娯楽

お祭り、神楽《かぐら》、映画、お酒（どぶろく）などが楽しみだった。

また、中山間地である福島県旧山都《やまと》町（現在は喜多方《きたかた》市）は、飯豊《いいで》山をはさんで置賜地方の南側となる。飯豊山のふもとに位置する標高300mの中山間地では、以下の点が平坦地と異なったという[(2)]。

①焼き畑

肥沃な日当たりのよい斜面で、焼き畑を行った。草を刈って天日乾燥後、上から火をつける。熱が冷めたら、種を播いて鍬でうない、おもにソバ、ときどきアズキやアワを4年ほど栽培して、自給食料の足しにした。その後はスギを植えた。

②木材・キノコ

現金収入が必要なときに、スギやキリの木を切って売る。まっすぐ伸びたキリの木は高く売れた。シイタケやナメコの原木栽培も、相場がよいときは貴重な収入源となった。

③家畜

ほとんどの農家が農作業を行うために、ウマを1～2頭飼っていた。ウマのほうがウシより農作業の効率がよい。餌は、イナわら、畦草、河川敷の草、山の草刈り場（ほとんどがクズ）、米ぬか、野菜クズなど。

④主食

主食は、米、オオムギのほかに、ソバが多かった。くず米は粉にして、おからやアズキ（砂糖なし)を包み、おやきのようにして食べた。

⑤エネルギー

自宅で燃料にする薪は自分の山から切ったので、燃料のための現金支出はない。冬の間、家の裏山か数km離れた里山(所有地あるいは立木を買って)で、20a程度の範囲のコナラやミズナラなどの広葉樹を切って炭を焼いた。これが貴重な現金収入である。木は傾斜を使い、すべらせて、あらかじめ一カ所に集め、集めたところに専門の職人に炭窯を作ってもらった。炭窯に適した赤土が近くにない場合は、赤土を背負って持って行った。焼く炭は、高温燃焼の白炭。2日かけて1回で90kgが焼けるので、効率がよい。

⑥経済状況

多くの農家が土蔵を所有し、1階に米、味噌、醤油、2階に正装用の着物や調度品を長持ち*などに入れて保存した。したがって、当時は、田畑と山の両方を所有する農家の経済状況はよかったといえる。

地元の有機農業者やお年寄りとつながる

新たな土地で有機農業や農的暮らしを始めるときには、地元の有機農業者と交流し、有機栽培について教えてもらうとよい。生計を立てるために有機農業を行っている農家は、さまざまな技術と知識をもっている。また、研修制度を実施して、新たに有機農業技術を習得したい人を受け入れている農家や有機農業団体もある。興味があれば、問い合わせてほしい[3]。

今後、自産自消と地域自給を進めるうえでもっとも参考になるのは1950年代の暮らしである(132〜138ページ)。当時の生活について、地元のおおむね80歳前後のお年寄りから直接聞き取りをすると、とても参考になる。

ウシ、ウマ、ブタ、ニワトリ、ウサギなど多くの家畜を飼った経験をもつ方も少なくない。煮炊きは囲炉裏やかまどで、暖房は薪や炭で行っていただろう。夏の間に、冬の家畜の餌として畦や山の草、わらを集めて乾燥して収納したり、燃料のために木を切り出して薪にし、乾燥して保管する必要があったから、そうした段取りも熟知している。ウマで荷物を運搬したり、ウマやウシで耕起をしていた人も、まだ健在かもしれない。

小さな面積でも農業を始められるようにする

食べものの自産自消を始めるにあたって、現在は制度的な大きなハードルがある。それは、農地法だ。農業を始めるための最低面積を、都府県で50a、北海道で200a(2ha)と、第3条2の五で定めているからである(市町村の農業委員会が認めた場合を除く)。しかも、機械などの設備が十分でないと、農家と認められず、購入・借用にかかわらず農地が取得できない。

これらの許認可は、地元の農業委員会が行う。農業委員会は市町村におかれ、地域の農業者などによって構成される行政委員会で、農地の保全や転用の規制を目的にしている（農地面積が著しく小さい場合は設置しなくてもよい）。

幸い、２００９年に農地法が改正されて、最低面積は農業委員会の裁量で小さくできるようになった。たとえば、神奈川県南足柄市では、もっとも小さい場合には10ａだ。自産自消を広げるには当面、これを見習って最低面積を小さくする必要がある。また、長期的には、やる気、能力、責任など一定の要件を満たせば誰もが農業を始められるよう改正が求められる。

（1）70～80代の地元お年寄りからの聞き取りによる。
（2）70～80代の地元お年寄りからの聞き取りによる。
（3）http://yuki-hajimeru.net/?page_id=67

11　国際交流で視野を広げる

自産自消と地域自給に基づいた暮らしと社会は、ある意味では土地にしばられて生きることを意味する。言い古された言葉であるが「Think Globally, Act Locally」の視点からみると、土地にしばられながらも視野は広いほうがよい。たとえば、世界各地で自産自消と地域自給で生きる人たちと相互に国際交流を行ったらどうか。世界各地に顔の見える関係を築くことで、視野が大幅に広がる。省エネルギーの観点からは、帆船での交流がよい。

ひとつ例をあげよう。インドのジャンムー・カシミール州東部にラダックという地方がある。標高3000mを越える高地で、冬が8カ月近く続き、年間降水量は100㎜にも満たない。高地に広がる荒涼とした砂漠のオアシスで、人糞と家畜糞を肥料に、氷河からの水を灌漑してオオムギとコムギを4カ月で生産する。農地にならないところでは家畜を放牧し、冬の干し草を集める。1974年に外国人に開放されるまで、完全な地域自給の生活だった。固有のチベット文化を発展させ、戦火にさらされることがほとんどなかったので、文化的建築や祭りが残っている。開放以降、グローバル化の影響を急激に受けたが、ヘレナ・ノバーク・ホッジ氏を中心とするNGOの支援もあって、伝統文化の継承に力を入れている。ラダックとの交流は、自産自消と地域自給について広い視野をもつのに、とてもよい機会となるだろう。

12　2060年の日本

現在の延長線上に未来を計画する手法（フォアキャスティング）では、環境問題の抜本的な解決策について合意形成するのはむずかしい。一方、たとえば2060年のあるべき姿を想定し、それを実現するために、今年、来年、さらに10年後に何をなすべきかを明らかにする手法をバックキャスティングという。バックキャスティングは、環境問題の解決策を探るのに有効であると考えられる。ここでは筆者が描く、いまから約50年が経った2060年の日本社会の姿を提示したい。

(1)農業

①自産自消が社会に広がり、家庭における食料自給率が70％を越える。

②自産自消が学校教育で必修となり、中学校を卒業するまでに自ら耕し、加工・貯蔵し、調理できるようになる。

③土蔵が各地に再建され、家庭や地域における備蓄が進む。

(2)里山

①燃料木としてミズナラやコナラ、クヌギなどの広葉樹の利用と再生が広がる。山で焼いた炭が地域で流通し、炭焼きは貴重な現金収入となる。
②落ち葉の利用や青草刈りが行われるようになる。
③建材が地産地消され、地域経済に貢献する。
④こうした里山利用の結果、里山に依存した自然が再生される。

(3)エネルギー

①家庭における熱源のほとんどが、薪などの植物資源、バイオガス、太陽熱でまかなわれる。
②家庭の年間電力消費量が1960年代並みの1000kW時以下に減り、小規模水力発電や太陽光発電、地域によっては小規模風力発電の割合が高まる。
③原子力はすべて廃炉になり、石油火力や石炭火力による大規模発電は段階的に縮小される。

(4)水

①家庭における水の使用量が大幅に減少する。
②家庭で使用する水のほとんどは、浅井戸、溜め池、雨水によってまかなわれる。塩素を使

った上水道は廃止され、カルキ*が含まれていない美味しい水が飲める。

③水質汚染を防ぐために、家庭における合成洗剤の使用が禁止され、天然素材、石けん、灰、重曹、酢などで代替される。

④広域下水道が廃止され、屎尿は貴重な有機肥料としてリサイクルされる。

⑸地域社会

①交通手段は公共交通が一般的となる。近距離の貨物輸送には優先的に自動車が使われるが、家庭でのマイカー所有はごく限られる。

②農林水産業の周辺産業として地場産業が復興し、地域経済の重要な部分を形成する。

③都市から地方への移住、とくに自然エネルギーや森林資源が豊富な中山間地への移住が進み、人口が１００万人を越える都市は消滅する。

エピローグ　異常な時代から当たり前の姿へ

東日本大震災によって首都圏の住民は、食料も水もエネルギーも自給できないメガシティがどれほど脆いかを実体験した。石油は容易に手に入らず、停電・断水した状況とは、どれほど不安であるかを。この体験は、今後起こるであろう石油と食料が逼迫した状況のシミュレーション（予行演習）だったといってよい。しかし、これでさえ序章かもしれない。

22世紀には石油などの地下資源はほとんど枯渇し、核廃棄物だけが残されている。２０１１年12月に南アフリカで開かれた第17回気候変動枠組条約締約国会議（ＣＯＰ17）や２０１２年６月にブラジルで開かれた国連持続可能な開発会議（リオ＋20）における主要国政府の対応をみるかぎり、今後も気候変動は止めようがない。ハリケーン「カトリーナ」級の台風が東京、名古屋、大阪の海抜ゼロメートル地帯を襲うかもしれない。はたして、われわれの子孫にはどんな困難が待ち受けているのだろうか。

どんな困難な状況になっても、人は食べなければ生存できない。少しでも子孫のことを考えるならば、いまから農林水産業を、そしてその基盤である地方を大切にする生き方を始めよう。まずは自分から。

もう一つ付け加えておきたいのは、能動的・前向きな対応の重要性である。最後の石油ショックが起きたときに、まったく準備ができておらず、しかも受動的・後向きに対応すれば、社会は未曾有の大混乱に陥るだろう。そのとき、食料不足がどこまで深刻になるか、正確にはわからない。そのような破滅の道ではなく、本書で示したように、石油に依存せず、自然と寄り添った生き方に幸福の本質があることを知って、自発的・内発的な行動を起こしてほしい。

その第一歩は、目先の情報に振り回されないことだ。個人や家庭では10～20年後のビジョンを立て、そのために必要な当面の行動を起こすとよい。地域社会や自治体では10年、50年、さらに今世紀の残り90年弱のビジョンを立てるところから始めたらどうだろうか。

ホモサピエンス(人類)が登場して、25万年が経つという。人類は歴史のほとんどにおいて、自らの食べものを自らまかない、地域で生計を立ててきた。本書の提案は決して奇抜なことではなく、ごく当たり前だった元の姿に戻ろうという内容にすぎない。後世の歴史家は、20世紀後半から21世紀最初の10年は、石油などの地下資源を掘り尽くし、地球環境を悪化させた異常な時代と記録するだろう(図34)。

過去1万年間、二酸化炭素の濃度は安定していた。それがここ200年間、急激に上昇している。最初は石炭、その後は石油や天然ガスを地下から掘り出して、燃焼してきたからだ。長期的な視点(図34では横軸は1万年)でみると、現在の二酸化炭素濃度上昇がどれほど異常かがよくわかる。すでに示したように、石炭も石油も地球の悠久の歴史の中で蓄えられた貴重な

図34　過去1万年の二酸化炭素濃度の推移

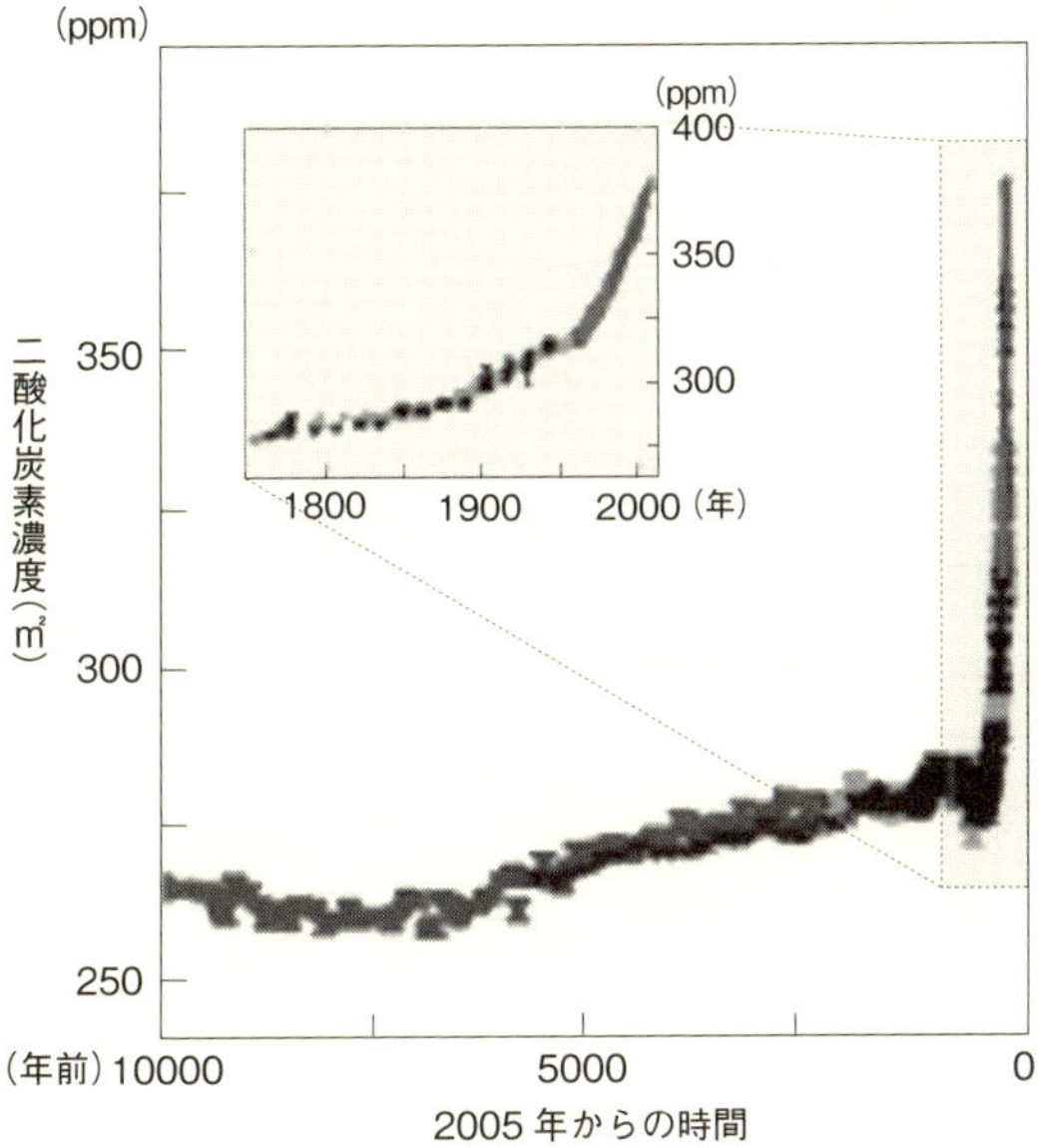

「地下遺産」である。現在のペースでは、それをわずか200〜300年で消費し尽くそうとしているのだから。

なお、著者の経験と力量の不足で割愛したが、沿岸漁業や貝や海草の養殖が海沿いの地域における重要な食料生産手段であることはいうまでもない。

終わりに——地方暮らしの心得

最後に、地方へ移り住んで自産自消を開始するための心得を列挙するので、肝に銘じていただきたい。

①お年寄りは先生

132～138ページで述べたように、1950年代の暮らしは今後の持続可能なモデルになる。その暮らしを実体験しているおおむね80歳前後のお年寄りは、食べものとエネルギーの自産自消に加えて、小屋や倉庫の建築、山や海の幸の採取・保存の仕方など、いろいろなことを手作りできる。地域の自然条件や地理・地勢についても熟知している。先生と思って接しよう。

②地域の活動や人付き合いは積極的に

溝さらい、道路沿いの草刈り、消防団、お祭り、地域自治、さまざまなボランティアによって、地方の暮らしは支えられている。都会と異なり、相互扶助が必須である。積極的にボランティアに参加し、地元の人と付き合おう。

③自産自消は奥が深い

気象条件は毎年異なる。農業は気象条件に左右されるので毎年、条件が異なる。自然災害や天候不順でうまくいかないときもある。天候を読み間違えて、作業が計画どおりに進まないかもしれない。だからこそ、収穫の多少にかかわらず収穫を喜び、次の季節の豊作を祈念する。もし最初から豊作だったら、ビギナーズラックだと謙虚さを忘れないようにしたい。

④もっとも大切なのはバランス

誰にも思い入れや将来の希望はあるが、短期間で多くを達成できるとは思わず、10年ぐらいかけてゆったり計画しよう。「まったく耕さない」「糞尿は使わない」といった原理主義にもとらわれないほうがよい。ひとつを極めるより、バランスを大切にしたい。地域の歴史や風土に学び、その土地の先祖やお年寄りがどのように生存してきたか、まずは謙虚に学ぶことが先決だ。

⑤自然の恵みで生きる(脱商品経済)

日本は降水量が多く、四季が明確にあり、自然に恵まれている。田畑からは里(農地)の恵みである農産物をいただく。山からは、山菜、キノコ、木材、落ち葉、餌となる草などの恵みを

図35　自然の恵みを構成する３つの恵み

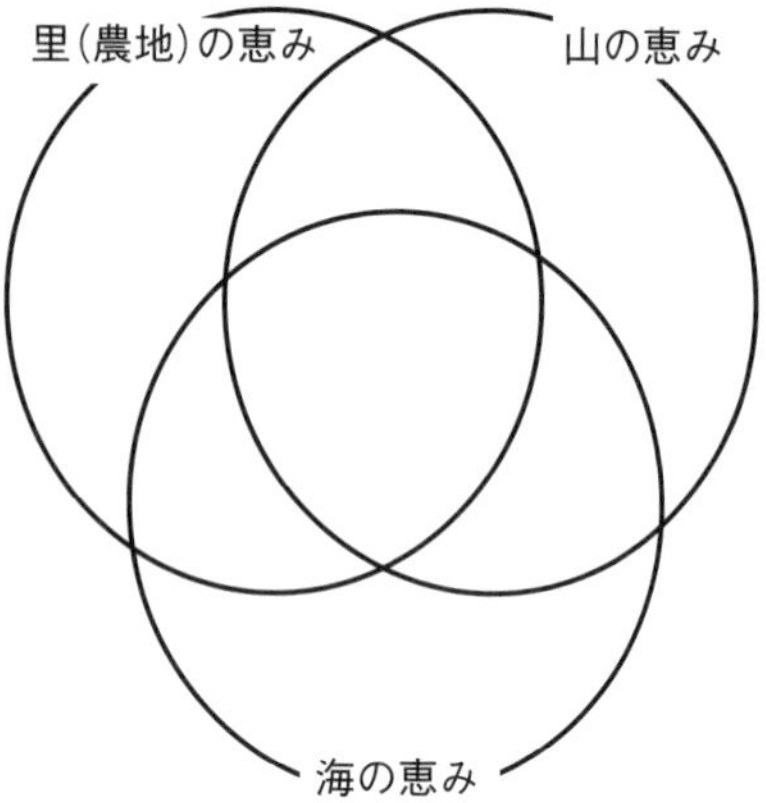

いただく。海からは、塩、魚、海藻、貝などの恵みをいただく。

立地条件によって、こうした自然の恵みすべてを得られるところも、ひとつしか得られないところもある(図35)。たとえば平野中央部では、効率的に農産物を生産できるが、山の恵みや海の恵みはお金で買うしかない。山里では、農産物も山の恵みも自産自消できる。海沿いの平坦地では、農産物と海の恵みを自産自消できる。海沿いで、しかも背後に山がある地形では、農産物も、山の恵みも、海の恵みも、すべて得られる。

自然の恵みに依処した生活に転換し、商品経済一辺倒の暮らしを根本から変えよう。

⑥身土不二が到達点

福島県は放射能漏れ事故でもっとも大きな被害を被った。福島第一原発から北に10～40㎞圏内の南相馬市は、避難指示の対象とならない区域を含めて、ほとんどの水田で２０１１～12年にかけて耕作されず、セイタカアワダチソウが広がっている。しかし、原町区で有機農業を行ってきた安川昭雄さんは11年に唯一、お米を収穫した。小高《おだか》区の根本洸一さんは原発から12㎞の地点に自宅があり、1年以上帰ることができなかったが、自身の農地で有機農業の再開を準備している。二人に共通しているのは、農地や自然は身体の一部という点だ(身土不二)。だから、別の場所で有機農業をやり直すという選択肢はない。

自産自消を始める場所は、北は北海道から南は沖縄諸島まで自由に選べる。選ぶにあたっては、図35の自然の恵みを参考に慎重に選ぶとよい。一度選んだら、土地に手をかけ，自然を慈しみ、その場所にしっかり根を張って生きていこう。安川さんや根本さんのよう身土不二を体感することこそが、自産自消の到達点なのだ。

数を掛けると、1作の水稲栽培に必要な水の量を試算できる。
溶存酸素：水に溶けた酸素。

▶ら 行◀

林床：森林の地表面。樹木によって太陽光が遮られて日陰となるが、温度や湿度の変化が少ない環境が形成される。
連作障害：同じ作物を同じ場所に毎年作り続けた場合に、収量や生育が年々低下する現象。作物に特有の土壌病害や土壌害虫の発生、ある種の養分の欠乏などが、原因としてあげられる。

▶わ 行◀

ワタ：アオイ科ワタ属の多年草。種子のまわりについた繊維質を木綿として用いる。
ワムシ：水中の微小動物で、輪形動物の総称。大きさは1mm以下で、有機物や他の微小動物を食べる。水田にも広く生育する。

▶ま　行◀

マツバイ：カヤツリグサ科ハリイ属の水田雑草。草丈が短く、芝生のような群落を形成する場合がある。

ミジンコ：浅い池、沼や水田に棲息する動物プランクトンのうち、微少な甲殻類を指す。

ミズナラ：ブナ科コナラ属の落葉広葉樹。コナラやクヌギよりも寒冷な場所に分布する。シイタケの原木、薪、炭焼きに広く使われた。

無角和牛：肉牛品種のひとつで、おもに山口県で飼育されている。

メダカ：メダカ科メダカ属の体長 4cm 程度の淡水魚。流れのゆるい小川や水路などに生息し、動物プランクトンや蚊の幼虫(ボウフラ)を食べる。

籾殻燻炭：籾殻を 300℃以上の温度で焼いたものの総称。

▶や　行◀

ヤゴ：トンボの幼虫。肉食性の水生昆虫。

ヤナギ：ヤナギ科ヤナギ属の落葉樹の総称。河川敷や耕作放棄地など、水分が多い条件でよく生育する。ナメコの原木やまな板に使われる。

ヤマザクラ：バラ科サクラ属の落葉樹。花と葉が同時に展開するので、ソメイヨシノとは異なる。シイタケやナメコの原木、囲炉裏の枠に使われる。

結：一人で行うには多大な費用と期間、そして労力が必要な作業を、集落の住民総出で助け合い、協力して行うシステム。道路や水路の清掃、田植え、稲刈り、茅葺き屋根の維持管理などの際に行われた。相互扶助の精神で成り立っている。

ユスリカ幼虫（→アカムシ）

用水量：水田が使う水の量で、mm/日で表す。排水の悪い湿田は 10mm/日以下、排水のよい乾田は 30mm/日以上。面積と灌漑日負圧：大気圧を０気圧とした場合にマイナスとなる状態・圧力。
フジ：マメ科フジ属のつる性落葉樹の総称。つるは家具などに使われる。
ふすま：コムギを精白した際に出る、米のぬかにあたる部分。通常、家畜の飼料とされる。
ブナ：ブナ科ブナ属の落葉広葉樹。寒冷な気候や積雪地帯に適する。実は多くの哺乳類の餌となる。
ブラウン・スイス：スイス原産種をアメリカで改良した乳専用種。輸入トウモロコシに依存しない山地の放牧酪農に適し、チーズなどの加工にも向いている。
プランＡ：20 世紀後半における先進国の経済成長は、地下資源の多消費によって達成されたが、一方で環境汚染を引き起こした。21 世紀においても同様に成長を続けるシナリオをプランＡと呼ぶ場合がある。
分げつ：地表に成長点があるイネ科植物の脇芽が出ると新しい茎になること。
ペカン：クルミ科ペカン属の落葉樹。オニグルミに比べて殻が薄く、手で容易に割ることができる。
ペスト：中世ヨーロッパで黒死病と呼ばれ、多くの人が亡くなった細菌病。クマネズミやノミを通じて伝染した。
べたがけ資材：支柱やハウスを設置せずに、地面や作物に直接「べた」にかけ、保温、断熱、鳥害回避、雑草抑制などの効果を狙うために使われる石油製品。目的に応じて、透明、シルバー、黒、水蒸気を通すか通さないかを選択する。石油製品をなるべく使わないほうがよいが、すべてを否定できないので、取り上げた。
ホオノキ：モクレン科モクレン属の落葉高木。葉は食べものの包装に、木材は下駄や家具などに使用する。

▶な　行◀

中干し：イネの作付け途中で、土壌を乾燥させて固め、収穫で足元がぬかって収穫したイネに泥がつくなどの作業に支障がないようにする管理。

長持ち：衣類や寝具の収納に使用した長方形の木箱。

ナナカマド：バラ科ナナカマド属の落葉樹。赤く染まる紅葉や果実が美しい。自然には標高の高いところに分布する。なたの柄に用いた。

ナマズ：ナマズ科ナマズ属の夜行性の魚。5～6月に水田などの浅瀬で産卵する。2～3年で繁殖できるようになる。

苗代：水稲の苗を育てる場所。

にお：収穫した大豆を積み上げて天日干しした状態。

二次的自然：原生林のような一次的自然に、人間が手を加えて維持管理してきた、谷津田、放牧地、雑木林などの自然環境を指す。

日本短角種：肉牛品種のひとつで、黒毛和牛よりも放牧や自給飼料による飼育に向く。おもに東北地方で飼育されている。

▶は　行◀

バードストライク：鳥類が風車の羽根に衝突して死亡する事故。

胚：植物の種子で、発芽したときに芽になる部分を胚芽といい、イネでは玄米の胚芽を胚と呼ぶ。

培土：土寄せに同じ。

パッチ：小区画の土地。

ハンノキ：カバノキ科ハンノキ属の落葉高木。水田の畦や河川敷によく植えられた。木材は燃料に適している。

ヒバ：ヒノキ科ヒノキ属の常緑樹。別名アスナロ。建材として利用する。

ヒバリ：ヒバリ属の鳥。春に草地、河原、農地に産卵し、産卵から20日あまりでヒナが巣立つ。

▶た　行◀

脱粒：イネやコムギが穂から、ダイズがさやから、収穫作業の完了前にこぼれ落ちること。また、さやからダイズ粒を取り出すこと。収穫が適期より遅れると、脱粒を起こしやすい。品種によっては、もともと脱粒しやすい品種がある。朝露に濡れているときに手刈りして脱穀すると、ロスを少なくできる。

タニシ：タニシ科に属する巻き貝の総称。水田に広く分布し、藻類、プランクトン、沈殿した有機物を広く餌にする。

種イモ：サツマイモ、ジャガイモ、サトイモなどは栄養体（イモ）で繁殖するので、種としてイモを植えることから使われる呼び名。

種籾：イネの種子を籾で保存することから使われる呼び名。

多年生雑草：冬を越して２年以上にわたって繁殖する雑草。塊茎、地下茎などで越冬する場合が多い。

頼母子講：個人、法人、集落による金融手段。相互扶助のシステムとして始まり、明治以降に銀行が広がるまでは全国各地でみられた。無尽ともいう。

地下茎：地中に埋もれた部分の茎。性質は地上茎と同じ。

チョマ：繊維を採る植物で、高さ1～1.5mになる。カラムシなどの別名がある。

土寄せ：作物が倒伏しないように、ジャガイモが大きくなったときに直射日光に当たらないように、条間の土を株元に寄せる作業。条間の土が固いときは、耕して軟らかく（中耕）してから行う。

倒伏：作物が実って重たくなるにつれて、地面に倒れること。収穫作業の能率が悪くなったり、実りが悪くなる弊害がある。

唐箕：穀物の食べる部分とわらや実っていない部分を風力で選別する道具。

トチ：トチノキ科トチノキ属の落葉広葉樹。実はかつて、米が穫れない山村の貴重な食料であった。

湿田：減水深が10mm/日以下の水田。ダイズやムギ類は栽培しにくいが、圃場に畝を立てたり排水溝を切るなどすれば、排水が改善されて、栽培は可能である。

ジャージー：イギリス領ジャージー島原産の乳牛。乳量は年間3000kg程度と少ないが、脂肪分が多い濃厚な牛乳を生産する。

ジュール(J)：約102gの物体を1m持ち上げるのに必要なエネルギー。1W(ワット)・秒に相当する。

需要の価格弾力性：価格の上下に対する需要の変化の比率。価格が10％上がったときに需要が5％減少したとすると、弾力性が大きいことになる。食料は必需品で、半額になったからといって2倍は食べられないし、2倍の価格になったからといって食べる量を減らすわけにもいかない。需要の価格弾力性が小さい(価格の変化＞需要の変化)、典型的な例である。

条間：作物や野菜は、管理が容易となるように筋状に植える場合が多い。これを条、条と条の間を「じょうかん」ないし「じょうま」と呼ぶ。

蒸散：植物が根から吸った水分が、葉のおもに裏側にある空気取入口の気孔から失われる現象。蒸散過程で水が気化するので、気化熱が奪われて周辺の温度が低下する。

白魚：シラウオ科の魚の総称。淡水と海水が混じる汽水域に生育する。

代かき：水田の水もちをよくするために、田植え前に水を張って土壌を攪拌する作業。機械で行うときは、ドライブハローを使う。人力で行うときは、田車《たぐるま》を使うとよい。それ以外には、足で踏み、固いところはスコップをさしてから足で踏む方法がとられる。

セリ：セリ科セリ属の多年生雑草。休耕田や不耕起水田で繁茂する。なお、市販されているものは栽培種で、雑草ではない。

セル苗ケース：おもに野菜の育苗に使う、成型した軽量のプラスチックケースの通称。

タミンC)、α-トコフェロール(ビタミンE)、ポリフェノール類がある。

コウゾ：クワ科コウゾ属の落葉低木。和紙の原料。

コナラ：ブナ科コナラ属の落葉広葉樹。木は、薪、木炭やシイタケの原木に使われる。ドングリは飢饉の際に食料にされた。

コムギ：中央アジア原産のイネ科コムギ属の穀物。粒のまま食べることはなく、小麦粉にし、パンや麺などに加工して食用となる。

▶さ　行◀

サイカチ：マメ科サイカチ属の落葉樹。さやにサポニンを多く含むため、水につけて手でもむと、ぬめりと泡が出る。これを石けんの代わりに利用した。木材は建築や薪に使う。

サイレージ：青草(牧草、飼料作物、雑草)を密閉状態で乳酸発酵させ、pH4の酸性にして保存性を高めた飼料。水分が75%程度ある。一度乾燥させて、水分を40%程度に落としたものはヘイレージと呼び、同じ体積でも軽い。

ササ：イネ科タケ亜科の植物。地下茎が横に伸び、茎が枯れるまでさやに包まれている植物の総称。一般には、タケよりも背丈が低い。

サシバ：タカ科サシバ属の渡り鳥で、夏に日本で繁殖する。全長約50cmで、小動物や昆虫などの餌を人里近くで捕らえる。

シェールオイル：地下1000mより深い層の頁岩(シェール)に含まれる石油成分。通常はシェールガス採掘の副産物として得られる。

シェールガス：地下1000 mより深い層の頁岩(シェール)に含まれる天然ガス。ガス採掘のために頁岩の層を破砕する技術が開発されて、実用化した。

漆喰：瓦や石材の接着や目地の充填、壁の上塗りなどに使われる、消石灰を主成分とした建材。

家の２大現金収入であった地域が各地に存在し、農村に富をもたらした。

供出米：第２次世界大戦中から戦後にかけて、政府が農家に一定の価格で半強制的に売り渡させた米。

キリ：ゴマノハグサ科キリ属の落葉広葉樹。下駄やタンスの材料として高く取引された。

kW と kW 時：１秒間に 1000 ジュールの仕事率を１kW と定義する。家電製品の消費電力は kW で表示されている。１kW 時は、1kW の電力を１時間消費もしくは発電したときの電力量を意味する。

クズ：マメ科クズ属のつる性多年草。ウマ、ウシ、ヤギ、ウサギの餌として重宝された。根を干したものが葛根で、発汗・鎮痛作用がある。

クヌギ：ブナ科コナラ属の落葉樹。薪、シイタケの原木、建築用材などに用いられる。

クリ：ブナ科クリ属の落葉樹の総称。実は食用に、木材は耐久性が高いので、家の土台木、シイタケの原木、稲架の杭に使われる。

クルミ：クルミ科クルミ属の落葉樹の総称。日本で自生している大半はオニグルミで、実は食用、木は高級家具の用材、シイタケやナメコの原木に利用される。

ケヤキ：ニレ科ケヤキ属の落葉樹。屋敷によく植えられ、家の大黒柱に使われる。

減水深：水田に溜めた水の低下速度で、mm/日で表す。蒸発量、イネの吸水量、土の中への浸透量の合計を意味する。10mm/日以下が湿田(ムギ類やダイズは作りにくい)、30mm/日以上が乾田(水田輪作に適している)とされている。

コイ：コイ科コイ属の淡水魚。雑食性で、まれに体長１m になる。内陸部では、貴重な動物性タンパクとして食べられた。

抗酸化作用：酸素が関与するさまざまな有害反応を弱めたり除去する作用の総称。代表的な抗酸化物質として、アスコルビン酸(ビカタクリ：ユリ科カタクリ属の多年草。日光のさす落葉広葉樹林の林床に生育する。その鱗茎から抽出したものが本当の片栗粉である。

株：イネのように茎が増えたり(分げつという)、ダイズのように枝分かれ(分枝という)する作物では、2〜5個体を1カ所に播いたり、移植(田植え)したりする。生長するにつれて1個体のように見え、これを株という。1個体で育てるよりも株として複数個体で育てると、病気や虫の害があったときにどれか1個体が生き残るメリットがある。

株間：株と株との距離。

カヤ：草屋根や家畜の敷料、飼料として使う植物の総称。イネ科かカヤツリグサ科に属し、ススキやスゲが代表的。

カリウム：アルカリ金属の元素。植物では、炭素、酸素、水素、窒素に続いて5番目に含量が多い。

刈り払い機：回転羽(まれにナイロンひも)によって草や小径木を刈り払うための機械。草刈り機とも呼ばれる。回転羽に防護カバーを付け、保護めがねをして作業する。

カルキ：水道の塩素殺菌に使う次亜塩素酸カルシウム。

間作：主作物の列(条という)と主作物の列の間に別の作物を栽培すること。

乾田：減水深が30mm/日(1日30mm)以上の水田。水田輪作に適している。

乾土効果：春先に土壌が乾燥した後、イネを育てると生育がよくなる現象。水田土壌に棲む乾燥に弱い微生物が土壌の乾燥によって死に、含まれていた養分がイネに吸収されるために起こる。

関東ローム層：富士山や浅間山などから噴出した火山灰が長年にわたって堆積してできた土壌の層。

キヌ：カイコの繭からとった動物繊維。養蚕は紀元前3000年に中国で始まったとされる。1960年ごろまでは、米と絹(養蚕)が農

化が悪い。お米を炊いた後に乾燥させると、消化のよい状態(アルファ化)で保存できるうえ、水を加えただけで食べられるので、昔から保存食や非常食にされてきた。糒《ほしい》、干し飯《いい》ともいう。

α-リノレン酸：3つの二重結合をもつ脂肪酸の一種。人間にとって必須の脂肪酸で、エゴマ、ナタネ、ダイズなどの油に含まれ、エゴマの含量がとび抜けて高い。

イトミミズ：イトミミズ科に属するミミズの総称。水田、側溝、小河川など、水深が浅く、流れが緩やかで、栄養分に富む淡水に繁殖する。

ウルシ：ウルシ科ウルシ属の落葉高木。漆を採るために栽培してきた。家具の用材や和ろうそくの原料にもなる。

エゴノキ：エゴノキ科の落葉樹。玩具の用材に使う。果実は石けんの代替品として使った。

F_1：雑種一代の略称。性格の異なる品種を掛け合わせた一代目では、生育が旺盛で、そろいがよいものがある。種苗会社はこの性質を利用して、雑種一代を種として販売している。二代目になると生育・品質が著しく不ぞろいとなるので、毎年、種子会社から購入することになる。

縁故米：家族、親戚、知人から無償あるいは割安に分けてもらったお米。

オオムギ：中央アジア原産のイネ科オオムギ属の穀物。押し麦、ビール、ウィスキー、焼酎、味噌、醤油、麦茶の原料となる。

オタマジャクシ：カエルの幼生の総称。春に卵から孵化し、1〜2カ月で変態して、成体となる。水草や微生物、それらの遺体を食べる。

▶か　行◀

上総掘り：掘削機械を使わず、やぐらを組んで数百 m の深井戸を掘ることができる、日本の伝統技術。

●用語解説●

▶あ　行◀

アオミドロ：糸状で多細胞のホシミドロ科アオミドロ属の藻類。水田、側溝、小河川など、水深が浅く、流れが緩やかで、栄養分に富む淡水に繁殖する。

褐毛和牛：肉牛品種のひとつ。一般的な黒毛和牛よりも暑さに強く、自給飼料による飼育に向いている。

アカムシ：ユスリカ科の幼虫の総称。体長は0.5mm～1cmで、川や池などの淡水に生育する。なお、「蚊柱」は、ユスリカの成虫が柱状にたくさん集まった状態を指す。

アキアカネ：トンボ科アカネ属の代表的な赤トンボ。水田で成虫になった後、夏は高地で過ごし、秋に里に下りて産卵する。産卵時に水たまりが必要で、過度の乾田化は繁殖を妨げることが危惧されている。なお、通常、トンボ科アカネ属のトンボを総称して赤トンボと呼ぶ。

畦塗り：水田に水を溜めるための高い部分(畦)のひび割れや割れ目、モグラなど生き物がつけた穴から、溜めた水が漏れないように、水分を含んだ土を畦に塗る作業。くろ塗りともいう。

圧ぺん：押麦ともいう。オオムギはお米と比べて、粒のままでは煮えにくく、消化が悪い。あらかじめ熱してつぶし(圧ぺん)、煮えやすくて消化がよい状態にして、お米と混ぜて炊いた(麦飯)。

雨よけハウス：農業用ビニール(典型的には塩化ビニール)と鋼材の骨組みで覆った農業用ハウス。重油などで加温はしていない。寒冷地の育苗や冬の葉物生産に欠かせない。

アミミドロ：網の目状のアミミドロ科アミミドロ属の藻類。水田、側溝、小河川など、水深が浅く、流れが緩やかで、栄養分に富む淡水に繁殖する。

アルファ化米：生のお米は、ベータ化デンプンが固く結合して、消

水道水復活のキリフダ技術』築地書館、2005 年

は 行

久宗壮『生命の樹に賭ける――立体農業のすすめ』富民協会、1979 年。

平山秀介『特産シリーズ めん羊――有利な飼育法』農山漁村文化協会、1982 年。

福岡正信『自然農法――緑の哲学の理論と実践』時事通信社、1976 年。

ま 行

牧野博『新特産シリーズ ドジョウ――養殖から加工・売り方まで』農山漁村文化協会、1996 年。

マクウェイグ・リンダ著、益岡賢訳『ピーク・オイル』作品社、2005 年。

桝潟俊子『有機農業運動と〈提携〉のネットワーク』新曜社、2008 年。

松井佳一『水田養魚』富書店、1948 年。

萬田正治『新特産シリーズ ヤギ――取り入れ方と飼い方、乳肉毛皮の利用と除草の効果』農山漁村文化協会、2000 年。

室田武『水車の四季』日本評論社、1983 年。

メドウズ・D・H, メドウズ・D・L、ラーンダズ・J、ベアランズ三世・W・W 著、大来佐武郎監訳『成長の限界』ダイヤモンド社、1972 年。

モントゴメリー・デイビッド著、片岡夏実訳『土の文明史』築地書館、2010 年。

ら 行

レゲット・ジェレミー著、益岡賢・植田那美・楠田泰子・リックタナカ訳『ピーク・オイル・パニック』作品社、2006 年。

アルファベット

Fulford D., "*Running A Biogas Programme: A handbook*", Intermediate Technology Publications, 1998.

Hopkins R., "*The Transition Handbook*", Green Books, 2008.

Van Buren A., "*A Chinese Biogas Manual*", Intermediate Technology Publications, 1979.

ストローン・デイヴィッド著、高遠裕子訳『地球最後のオイルショック』新潮社、2008年。

スミス・ジョン・ラッセル著、賀川豊彦・内山俊男訳『立体農業の研究』恒星社、1953年。

た行

高松修・中島紀一・可児晶子『安全でおいしい有機米づくり』家の光協会、1993年。

武内和彦・鷲谷いづみ・恒川篤史編『里山の環境学』東京大学出版会、2001年。

多辺田政弘・藤森昭・桝潟俊子・久保田裕子著、国民生活センター編『地域自給と農の論理――生存のための社会経済学』学陽書房、1987年。

玉野井芳郎『地域主義の思想』農山漁村文化協会、1979年。

蔦谷栄一『日本農業のグランドデザイン』農山漁村文化協会、2004年。

槌田敦『石油文明の次は何か』農山漁村文化協会、1981年。

「特集いまこそ農村力発電」『季刊地域7（現代農業2011年11月増刊）』2011年。

富永正雄『特産シリーズ コイ――農家養殖の新技術』農山漁村文化協会、1966年。

豊田菜穂子『ロシアに学ぶ週末術――ダーチャのある暮らし』WAVE出版、2005年。

な行

中島紀一・金子美登・西村和雄編著『有機農業の技術と考え方』コモンズ、2010年。

中島正『自然卵養鶏法』農山漁村文化協会、1980年。

中田哲也『フード・マイレージ――あなたの食が地球を変える』日本評論社、2007年。

中村太和『環境・自然エネルギー革命』日本経済評論社、2010年。

中本信忠『おいしい水のつくり方――生物浄化法―飲んでおいしい

●参考文献●

あ行

安曇野夢フォーラム編『安曇野発！農に生きる仲間たち』安曇野夢フォーラム、2010年。

石井吉徳『石油ピークが来た——崩壊を回避する「日本のプランB」』日刊工業新聞社、2007年。

石川英輔『大江戸えねるぎー事情』講談社、1990年。

石川英輔『大江戸リサイクル事情』講談社、1994年。

石川憲二『自然エネルギーの可能性と限界』オーム社、2010年。

伊藤健次『傾斜地農業』地球出版社、1958年。

枝廣淳子『エネルギー危機からの脱出』ソフトバンククリエイティブ、2008年。

及川一也『新特産シリーズ 雑穀——11種の栽培・加工・利用』農山漁村文化協会、2003年。

か行

川上博『サイエンスシリーズ 水の恵みを電気に！小型水力発電実践記』パワー社、2006年。

小宮山宏・武内和彦・住明正・花木啓祐・三村信男編『サステイナビリティ学①サステイナビリティ学の創生』東京大学出版会、2011年。

さ行

塩見直紀と種まき大作戦編著『土から平和へ—みんなで起こそう農レボリューション』コモンズ、2009年。

塩見直紀と種まき大作戦編著『半農半Xの種を播く—やりたい仕事も、農ある暮らしも』コモンズ、2007年。

篠原孝『農的小日本主義の勧め』柏書房、1985年。

シュマッハー・E・F著、斎藤志郎訳『人間復興の経済』佑学社、1976年。

小水力利用推進協議会編『小水力エネルギー読本』オーム社、2006年。

有機農業選書刊行の言葉

二一世紀をどのような時代としていくのか。社会は大きな変革の道を模索し始めたように思われます。向かうべき方向は、農業と農村を社会の基礎にあらためて位置づけること以外にあり得ないでしょう。

有機農業はすでに七〇年余の歴史を有する在野の農業運動です。それは新たな農業のあり方を示すだけでなく、地球と人類社会のあり方に関しても自然との共生という重要な問題提起をしてきました。時代の転換が求められるいまこそ、有機農業の問いかけを社会全体が受けとめていくときです。

この有機農業選書は、有機農業についてのさまざま知見を、わかりやすく、かつ体系的に取りまとめ、社会に提示することを目的として刊行されました。本選書の積み上げのなかから、有機農業の百科全書的世界が拓かれることをめざしていきたいと考えます。

〈著者紹介〉
長谷川浩（はせがわ・ひろし）

1960年　岐阜県生まれ。

2012年　会津（福島県）の山里で自産自消の生活を開始。

現　在　福島大学うつくしまふくしま未来支援センター連携研究員、NPO法人福島県有機農業ネットワーク理事、NPO法人CRMS市民放射能測定所福島副理事長、日本有機農業学会副会長、有機農業技術会議理事。

農学博士（専門：有機農業学）。

2013年4月から、私塾「早稲谷大学」を開講し、本書をテキストに連続講座を開始（http://sites.google.com/site/wasedanidaigaku/）参照。

編　著　『放射能に克つ農の営み』（コモンズ、2012年）

共　著　『有機農業研究年報（1〜8）』（コモンズ、2001〜2008年）

連絡先　〒969-4109　福島県喜多方市山都町早稲谷字本村397

食べものとエネルギーの自産自消

二〇一三年三月一一日　初版発行

著　者　長谷川　浩

装画・本文イラスト　高田美果

編集協力　日本有機農業学会

発行者　大江正章

発行所　コモンズ

東京都新宿区下落合一—五—一〇—一〇〇二
TEL〇三（五三八六）六九七二
FAX〇三（五三八六）六九四五
振替　〇〇一一〇—五—四〇〇一二〇
info@commonsonline.co.jp
http://www.commonsonline.co.jp/

印刷・東京創文社／製本・東京美術紙工

乱丁・落丁はお取り替えいたします。

ISBN 978-4-86187-101-6 C1036